安徽省村鎮供水工程設計指南

主编 ◎ 王跃国

合肥工業大學出版社

《安徽省村镇供水工程设计指南》

编 著 人 员

主　　编　王跃国

参编人员　（按姓氏笔画为序）

王　军　王常森　王　涛　王启见

刘宏欣　宋齐宝　时建祥　陈　敏

武　杰　赵会香　曹传胜　程裕标

前　言

“十一五”期间，我省通过实施农村饮水安全工程解决了农村饮水不安全居民1223.3万人、农村学校饮水不安全师生23万人；“十二五”期间我省再解决农村饮水不安全居民2151.1万人、农村学校饮水不安全师生171.8万人；“十三五”期间我省将实现农村自来水“村村通”。截至2013年底，农村饮水安全工程累计完成国家投资114.9亿元，解决了2381.7万农村居民和118万农村学校师生饮水不安全问题，建设供水厂6550处，其中规模水厂870处。

自2011年以来，全省农村饮水安全工程建设以规模化水厂为主，为此安徽省水利厅印发了《安徽省农村饮水安全工程初步设计报告编制指南(试行)》(皖水农〔2012〕23号)。初设报告的编制质量有了明显提高，成为我省农村饮水安全工程建设管理坚实的技术支撑。2013年，在全国农村饮水安全工程建设管理考核中我省荣获第三名。

水利部于2013年相继颁发了《水利水电工程初步设计报告编制规程》(SL 619—2013)、《村镇供水工程设计规范》(SL 687—2014)、《村镇供水工程施工质量验收规范》(SL 688—2013)、《村镇供水工程运行管理规程》(SL 689—2013)等，结合《安徽省农村饮水安全工程初步设计报告编制指南(试行)》近三年的执行情况，编者认为有必要对我省村镇供水工程有关设计问题进行总结和深入探讨，以期达到规范设计，使我省的农村饮水安全工程建设管理再上新台阶。农村饮水安全工程属村镇供水工程范畴，考虑到目前的有关规范均以村镇供水工程的名义颁发，因此本书主要按村镇供水工程概念进行阐述。

尽管国家及省有关部门相继颁发了一系列规范、规程、规章、指南等，但为了进一步提升我省村镇供水工程前期工作水平，编者将规范、规程、规章及部分文献的相关内容进行了摘选。本书中的规定是联系安徽省农村饮水安全工程实际和近年来工程设计的实践及经验教训，以及编者的认识体会，综合编写而出的，仅供读者参考。

合肥工业大学建筑设计研究院王军、省农村饮水管理总站王常森、阜阳市水利建筑安装工程公司王涛、淮北市水利建筑勘测设计院有限公司王启见、亳州市淮源水利规划设计院刘宏欣、滁州市水利勘测设计院宋齐宝和时建祥、临泉县水务局陈敏、省水利水电勘测设计院武杰、省水利厅赵会香、阜阳市水利规划设计院曹传胜和程裕标等同志参加了本书的编写工作。

本书可作为村镇供水行业各级主管部门、工程规划设计人员、供水厂管理人员、乡(镇)水利站(所)人员的培训用书，也可作为供水专业技术人员的参考用书。

本书编写过程中，原省水利厅郝朝德厅长审阅了全稿，原省委统战部张和敬副部长为本书题写了书名，省农村饮水管理总站孙玉明主任和陈可副主任给予了大力支持，并提出了许多宝贵的修改意见。在此，一并表示衷心的感谢。

由于编者水平和能力有限，书中不妥之处，敬请批评指正！

编者

2014 年 9 月

目　　录

总　　则

1. 为适应我省村镇供水工程建设要求，加快前期工作进度，规范工程设计，提高工程设计质量，根据《水利水电工程初步设计报告编制规程》(SL 619)、《村镇供水工程设计规范》(SL 687)、《村镇供水工程施工质量验收规范》(SL 688)、《村镇供水工程运行管理规程》(SL 689)等有关规程规范，结合我省村镇供水工程特点和实际，在《安徽省农村饮水安全工程初步设计报告编制指南(试行)》的基础上，编写《安徽省村镇供水工程设计指南》(以下简称《设计指南》)。《设计指南》主要对村镇供水工程设计报告的编制重点、基本要求、编制格式、章节内容、技术要点等方面提出指导性意见和建议，《设计指南》按初步设计报告章节顺序编排，同时在附录中简述实施方案、规划报告编制、初步设计报告审查要点等内容，供编制单位参考。

2. 村镇供水工程类型的划分。村镇供水工程可分为集中式和分散式两大类，其中集中式供水工程按供水规模可分为五种类型，如表总-1。

表总-1　村镇集中式供水工程类型划分

工程类型	规模化供水工程		小型集中供水工程		
	Ⅰ型	Ⅱ型	Ⅲ型	Ⅳ型	Ⅴ型
供水规模 W(m^3/d)	$W \geqslant 10000$	$10000 > W \geqslant 5000$	$5000 > W \geqslant 1000$	$1000 > W \geqslant 200$	$W < 200$

3. 集中式供水工程设计资质的要求。我省有关文件规定：对于Ⅰ～Ⅲ型供水工程，承担设计任务及其相应的勘察、试验等单位，必须具有水利工程(或相关专项)或市政行业(给水工程)乙级及其以上设计资质；对于Ⅳ～

Ⅴ型供水工程，承担设计任务及其相应的勘察、试验等单位，必须具有水利工程（或相关专项）或市政行业（给水工程）丙级及其以上设计资质。

4. 设计报告的编制依据及重点。依据各级人民政府批复的有关规划和《村镇供水工程设计规范》（SL 687）等有关规范及标准。在认真进行调查、勘察和研究工作的基础上，重点就工程的供水范围、规模、水源、总体布置、水处理工艺、主要建（构）筑物及运行管理机制等方面进行分析研究，以使供水工程达到水源可靠、方案可行、造价经济，确保工程良性运行、长期发挥效益。

5. 设计报告的主要内容和深度要求：

（1）分析供水区供水现状，论证项目建设的必要性。根据规划（可行性研究）报告的批准文件，确定工程任务和设计具体内容。

（2）分析区域水资源情况，择优选取供水水源，论证水源水量、保证率和水质的可靠性，并确定主要水文和水文地质等参数和成果。

（3）查明输水线路、建（构）筑物主要工程地质条件，提出建（构）筑物设计要求的岩土物理力学性质等参数。

（4）合理确定供水范围，分析其现状年和设计水平年的社会经济指标、采用合理的预测方法和用水定额，分析预测设计用水量，确定工程供水规模。根据工程等级和设计标准，选定各建（构）筑物特征水位、特征参数、运行方式，明确提出运行要求。

（5）论证供水方式，确定供水工程总体布置方案；合理选择净水工艺和相应的净水设施，通过分析计算，确定管道、建（构）筑物结构形式、尺寸及基础处理措施。供水水源、供水方式、管线布置、净水工艺及建（构）筑物设计应有必要的方案比较，有分析论证和明确的结论意见。

（6）确定合理的施工方案，主要包括施工组织、施工总体布置、主要建（构）筑物施工方案、施工计划、工期安排等。

（7）对工程占地、水源保护以及工程建设对环境造成的影响和水土流失问题等进行分析，并提出相应的补偿恢复或保护措施及方案。

（8）工程管理设计。为保证运行管理合理设置管理机构和人员编制。确定管理用房及设施，明确管理范围，研究管理运行机制，结合工程管理需要，购置必要的监测设施。

(9)编制设计概算,拟定资金筹措方案。

(10)进行项目财务分析,分析预测供水成本和供水水价。

6. 本《设计指南》用于指导集中式供水工程初步设计编制,其中Ⅰ~Ⅲ型或受益人口万人以上的供水工程可按照编制、Ⅳ~Ⅴ型供水工程参照编制。

7. 初步设计报告编制格式可按照“附录A初步设计报告编制格式”编写。

8.《安徽省农村饮水安全工程管理办法》是全省农村饮水安全工程建设管理总纲,特附后供参考。

第1章 综合说明

主要内容:简述项目区概况及工程设计成果。

1.1 绪　言

简述工程地理位置、前期工作成果、设计编制依据和过程,概述供水区社会经济状况、供水现状、存在的主要问题以及工程建设的必要性。

1.2 项目区概况

简述行政区划概况、当地经济社会发展情况、工程建设的自然条件、水资源条件,以及水文及地质勘察的主要结论。

1.3 工程规模

简述工程的供水范围、对象,需水量预测和工程供水规模以及工程水源。

1.4 工程布置

简述工程总体布置情况,包括供水方式、高程(明确高程系选择,包括初设附图)距离关系、水厂位置、净水工艺流程、配水管网布置等。

1.5 施工组织设计

简述施工组织设计的主要内容。

1.6 工程管理

简述工程建设和建后管理主体及模式。

1.7 设计概算

简述主要工程量、设计概算和水价。

1.8 工程特性表及附图

水厂工程特性表模板见表1-1。

表1-1 ××县(市、区)××水厂工程特性表

序号	项目名称	单位	数值	备注
一	工程技术经济指标			
1	建设性质			新建/改扩建/技改

（续表）

序号	项目名称	单位	数值	备注
2	设计年限	a		
3	供水规模	m^3/d		
4	年供水量	$10^4 m^3/a$		
5	供水受益行政村数	个		列出村名
6	供水受益居民人数	人		
7	受益学校师生人数	人		分别列出受益学校名称及师生人数
8	居民生活用水定额	L/(人·d)		
9	人均综合用水量	L/(人·d)		
10	最小服务水头	m		
11	时变化系数 K_h			
12	日变化系数 K_d			
13	设计概算投资	万元		
14	人均投资	元/人		概算投资/水平年供水受益人口
15	人均管网长度	m/人		输配水管长度/水平年供水受益人口
二	主要工程及设备			根据具体工程填写
1	取水工程			如管井数量、井房面积、取水泵站及主要设备等数量和型号尺寸等
2	输水工程			输水管道管径、管材及长度等
3	净水厂			水厂占地面积、各个构(建)筑物尺寸、数量或面积,水厂主要设备型号及数量,输电线路长度等
4	配水工程			调节构筑物数量、容积,管网长度、管径、管材以及闸阀及水表数量(是否有加压泵)、消火栓数量等
5	入户工程			管道长度、水栓、闸阀及水龙头、水表数量等
三	工程概算			
1	建筑工程费	万元		
2	设备(管道)及安装工程费	万元		

（续表）

序号	项目名称	单位	数值	备注
3	施工临时工程	万元		
4	独立费用	万元		
5	基本预备费	万元		
6	总概算	万元		
	其中：中央投资	万元		
	省级投资	万元		
	地方配套	万元		市及以下各级财政配套资金
四	水价分析			
1	供水成本	元/m^3		
2	建议水价	元/m^3		
3	供水盈亏平衡点	m^3/d		

设计单位需附工程地理位置图。

第2章 项目区概况及项目建设的必要性

主要内容：简述项目区自然和社会经济概况，说明供水现状、存在的主要问题和区域供水规划，阐述解决供水问题的思路和措施，论证工程建设的必要性。

2.1 项目区自然概况

阐述项目区的地理位置、地形地貌、气象水文、工程地质、水文地质、地震等情况。

2.2 项目区社会经济概况

说明项目区的行政区划、社会经济状况，居民人均年纯收入等。

2.3 供水现状及存在的主要问题

分析供水区供水现状及存在的主要问题。对供水现状进行分析与评价，包括项目区总人口、已解决人口、待解决人口及分布情况、不安全饮水类型、水源水量、水质、保证率，设施、设备完好程度、管网损漏、净水工艺等情况以及运行和管理存在的主要问题。

2.4　项目建设的必要性

根据供水区存在的供水问题，阐述工程建设的必要性；对改扩建项目应对现有供水工程作出分析评价。

2.5　区域供水规划及项目供水范围

说明本区域内解决供水问题的规划思路和措施，主要包括区域供水范围的划定、实施供水规划的计划安排、现有和拟建供水工程情况、受益范围以及本工程的供水范围和供水对象。本工程供水范围应依据对区域供水规划、供水规模、水源条件、地形特点、运行管理、工程投资效益等的分析来合理确定。说明本次工程的任务、范围确定的合理性（如需扩大供水范围，不在规划范围内的村庄及人口应予说明），并按表2-1格式，附水厂供水范围内受益情况统计表。

表2-1　××县(市、区)××水厂供水范围内受益情况统计表

镇(村)名称	受益村庄		公共建筑		村镇企业		备注
	人数	规划内饮水不安全人数	学校及其他	人数	职工人数	年产值	
	人	人	个	人	人	万元	
××镇							
××行政村1							
自然村1							
……							
××行政村2							
自然村1							
……							
乡镇政府所在地							
合　计							

注：本表可根据实际情况进行调整，不安全人数应说明是否含学校师生。

第3章 工程建设条件

主要内容:简述区域水资源、水文地质、工程地质情况及特征参数。

3.1 区域水资源概况

简叙项目区水资源特性,以及区域水利工程建设和水土保持情况、地表水和地下水开发利用情况。说明流域内及邻近流域水文站、地下水观测井(相邻参证井)的分布及其测验、观测情况,资料年限,可靠程度,以及说明项目区地表水、地下水及泉水等水资源情况。

3.2 地质情况

1. 区域地质

简述区域地质状况,明确工程场地的地震基本烈度,确定是否进行抗震设计。

2. 工程地质

(1)概述厂址、输水线路及主要建筑物地段的地形、地层岩性,河床及两岸覆盖层的厚度与组成物质,以及岩体风化情况、水文地质条件、存在的主要问题等。

(2)评价选定厂址及输水线路和主要建筑物地段的工程地质条件,进行岩土质量分类或围岩分类。提出岩土物理力学性质参数建议值,并针对存在的问题提出处理意见。

3.3 建筑材料

说明主要建筑材料的来源、数量、质量、开采、运输和储存条件。

3.4 对外交通、通信情况

说明项目区位置、周边交通情况(公路、水路、铁路等)、厂区至周边道路情况以及项目区移动网络、宽带接入等通信情况。

3.5 组织机构及配套资金落实情况

建设单位应组建项目建设管理机构,设置计划、财务、质量等部门,落实专业人员。说明配套资金来源、数额、到位时间以及近年来配套资金到位情况。

3.6 群众参与情况

包括项目区群众对项目的需求,是否愿意投工投劳以及对预测水价的承受能力等。

第4章 设计依据及原则

主要内容：简述设计主要依据的法律、法规、规范、规程及政策文件。

4.1 设计依据

1. 项目所在县(市、区)社会和经济发展规划、农村饮水安全工程规划、社会主义新农村建设规划等。

2. 涉及该项目供水范围、饮水不安全人口等有关成果(项目应列入供水工程规划)。

3. 有关的政策法规及相关的现行技术规范、规程。

4. 省级及项目所在市、县(市、区)颁发的有关农村饮水安全工程政策文件。

4.2 设计原则

1. 工程型式的选择应符合村镇供水的发展方向及当地条件，优先选择城乡已有可靠水厂管网延伸供水或建设规模化供水工程，并供水到户。

2. 水源选择和供水范围不应受村、镇(乡)，甚至县(市、区)的行政区划限制，应从区域或流域的角度合理配置水资源、选择优质可靠水源并加强水源保护，根据区域水资源条件、地形条件和居民点分布等合理确定供水范围并尽可能规模化供水。

3. 工程布置和技术方案应因地制宜，安全可靠，便于建设与管理，有利于节水、节能和环境保护，避免干旱、洪涝、冰冻、地震、地质等灾害区以及污染区，无法避免时应有应对措施。

4. 应与当地村镇总体规划以及人口、居民区、企业、建设用地、环境、防洪和水资源开发利用等有关规划相协调，统筹考虑村镇发展的需要和当地亟待解决的饮水问题，近远期结合，总体设计、分期实施，近期设计年限宜采用5～10年，远期规划设计年限宜采用10～20年。

5. 坚持可持续发展原则，持久解决村镇居民饮水不安全问题，保证水源、工程、管理运行的可持续性。

6. 以解决生活供水为重点，充分利用现有水源工程及供水设施，有效降低工程建设投资和运行费用。

7. 认真调查供水区现状，有针对性地提出解决供水问题的思路和方法，宜改造则改造，能集中则集中，需延伸管网则延伸。

8. 综合当地自然条件、经济条件和社会发展情况，合理、适度确定用水标准和供水规模。以解决当前群众饮水需要为主，同时兼顾长远发展的需要。

9. 以县(市、区)农村饮水安全工程水质检测中心或卫生防疫部门为依托，建立健全农村饮水安全监测体系，加强对水源水、出厂水和管网末梢水的水质检验和监测。

10. 积极采用适合当地条件且成熟实用的新技术、新工艺、新材料和新设备。

第 5 章　工程规模

主要内容：论证分析供水范围、供水对象的用水量及水质要求，合理选用生活用水定额、时变化系数和日变化系数，确定取水工程、加压泵站、输水管道、净水厂规模等。

5.1　供水范围、供水对象及设计年限

1. 在第 2.5 节（区域供水规划及项目供水范围）分析基础上，简述本工程的设计供水范围，包括供水受益区的行政村名称，受益的学校名称、个数以及学生、教职工人数等，供水受益的其他机关企事业单位等情况。

2. 单项供水工程设计年限宜为 15 年。

供水工程的设计年限与设计使用年限是两个不同的概念，供水工程的设计年限系指满足某一水平年的用水需求；设计使用年限系指工程在正常使用、合理维护下的基本寿命保障。不同类型的设施寿命不同，供水工程中构（建）筑物的设计使用年限宜为 50 年，输配水管道宜为 30 年，设备受腐蚀、磨损、老化等影响寿命相对较短。

5.2　需水量预测

村镇供水水量包括村镇居民生活用水量、村镇企业用水量、集体或专业户饲养畜禽用水量、公共建筑用水量、消防用水量、水厂自用水量、管网漏失水量和未预见用水量等。应重点说明需水量预测的方法及指标的确定。

需水量预测应充分考虑已有供水设施的利用和群众的用水习惯，实事

求是地反映对水量的需求，避免采用过高定额，导致设计规模与现实差距过大，造成投资浪费、成本过高和难以正常运转。

1. 居民生活用水量

(1)合理确定居民生活用水量

居民生活用水量是确定工程供水规模的重要依据。目前实际运行的大多数规模水厂其供水量均远小于设计规模，造成这种现象的原因有入户率较低、居民人均用水量小以及部分地方大量村民进城务工等。供水规模脱离实际，造成初期投资过大、后期运行成本较高等，因此，各地宜结合实际情况，合理计算居民生活用水量。

(2)居民生活用水定额的选取

依据集聚人口数量、经济发展水平以及居民用水习惯等要素，将我省农村乡(村)镇划分为乡村、集镇和建制镇三种规模。居民生活用水定额的选取应结合乡(村)镇规模、当地经济社会发展水平以及水资源状况，统筹考虑。不同地域、不同乡(村)镇规模的最高日居民生活用水定额，见表5-1。

表5-1 最高日居民生活用水定额 单位：L/(人·d)

适用条件	乡 村	集 镇	建制镇
淮北平原区	45～50	50～60	60～70
江淮丘陵区	50～55	55～65	70～85
沿江平原区	50～55	60～65	70～90
皖西山区	45～50	60～65	65～75
皖南山区	50～60	60～65	65～80

注：① 本表所列用水量包括了居民散养畜禽用水量、散用汽车和拖拉机用水量、家庭小作坊生产用水量。

② 淮北平原区包括：宿州，亳州，淮北，阜阳，蚌埠市的五河县、固镇县、怀远县、淮上区，淮南市的凤台县、潘集区、毛集区。

江淮丘陵区包括：滁州，合肥，马鞍山市的含山县，六安市的金安区、裕安区、舒城县、寿县、霍邱县以及叶集实验区，淮南市的八公山区、大通区、田家庵区及谢家集区，蚌埠市的龙子湖区、禹会区、蚌山区。

沿江平原区包括：芜湖，铜陵，马鞍山，安庆市的大观区、迎江区、宜秀区、望江县、怀宁县、枞阳县。

皖西山区包括：六安市的金寨县、霍山县，安庆市的岳西县、潜山县、宿松县、太湖县及桐城市。

皖南山区包括：黄山、池州、宣城。

③ 取值时，应对各村镇居民的用水现状、用水条件、供水方式、经济条件、用水习惯、发展潜力等情况进行调查分析，并综合考虑以下情况：村庄一般比镇区低；定时供水比全日供水低；发展潜力小取较低值；制水成本高取较低值；村内有其他清洁水源便于使用时取较低值。调查分析与本表有出入时，应根据当地实际情况适当增减。

(3)居民生活用水量计算

居民生活用水量宜依据乡(村)镇规模,选用不同生活用水定额,分别计算用水量。居民生活用水量可按式(5-1)和式(5-2)计算:

$$W=Pq/1000 \tag{5-1}$$

$$P=P_0(1+r)^n+P_1 \tag{5-2}$$

式中 W——居民生活用水量,m^3/d;

P——设计用水人口数,人;

P_0——供水范围内的现状常住人口数,其中包括无当地户籍的常住人口,人;

r——设计年限内人口的自然增长率,可根据当地近年来的人口自然增长率来确定;

n——工程设计年限,年;

P_1——设计年限内人口的机械增长总数,可根据各村镇的人口规划以及近年来流动人口和户籍迁移人口的变化情况按平均增长法确定,人;

q——最高日居民生活用水定额,可按表5-1确定,L/(人·d)。

① 确定设计用水人口数时,中心村、企业较多的村和乡镇所在地,应考虑自然增长和机械增长数;条件一般的村庄,应充分考虑农村人口向城市和小城镇转移的情况,设计用水人口不应超过现状户籍人口数。

② 确定用水定额时,应对本地村镇居民的水源条件、供水方式、用水条件、用水习惯、生活水平、发展潜力等情况进行调查分析,并遵照以下原则:村庄比镇区低;生活水平较高地区宜采用高值;有其他清洁水源可利用且取用方便的地区宜采用低值;发展潜力小的地区宜采用低值;制水成本高的地区宜采用低值。当实际调查情况与表5-1有出入时,应根据当地实际情况适当增减。

③ 人口自然增长率应根据当地上年统计年报确定;根据发展规划,集镇区可适当考虑人口机械增长数。

2. 村镇企业和专业户饲养畜禽用水量

应根据供水范围内的村镇企业和专业户饲养禽畜的用水现状、近5年的发展计划以及水源充沛程度分析确定是否纳入供水范围。农村饮水工程,主要以解决人畜饮用水安全为主;对于增加工程投资较少,又有利于发展村镇经济、增加就业和农民增收的企业或饲养业,可适当考虑解决其用水问题,增加的工程投资应按有关规定按供水量由企业分摊投资或自筹解决。具体计列可参照《村镇供水工程设计规范》(SL 687)4.1.4条和4.1.5条规定,并结合当地实际确定用水量。

3. 公共建筑用水量

公共建筑用水量应根据公共建筑性质、规模及用水定额确定。条件较好的村镇,按《建筑给水排水设计规范》(GB 50015)确定公共建筑用水定额;条件一般或较差的村镇,可根据具体情况适当折减。

(1)缺乏资料时,公共建筑用水量可按居民生活用水量的5%～20%估算。其中,村庄为5%～10%、集镇为10%～15%、建制镇为10%～20%。

(2)村庄、集镇可按下列方法计算。

村庄:有学校的村庄,按居民生活用水量的5%～10%计列,或按在校师生人数乘以用水定额(10～15L/(人·d));无学校的村庄,暂不计算公共建筑用水量。

集镇:一般按居民生活用水量的10%～20%计列,有学校的宜取较高值;无学校的宜取较低值。

4. 消防用水量

应按照《建筑设计防火规范》(GB 50016)和《农村防火规范》(GB 50039)的有关规定确定。允许短时间间断供水的村镇,当主管网的供水能力大于消防用水量时,确定供水规模可不单列消防用水量。

5. 浇洒道路和绿地用水量

浇洒道路和绿地用水量,经济条件好且规模较大的镇确实需要时,可根据浇洒道路和绿地面积按1.0～2.0L/(m^2·d)的用水负荷计算;其余镇、村可不计此项。

6. 管网漏失水量和未预见水量

一般按居民生活用水量、公共建筑用水量、集体或专业户饲养畜禽用水量之和的10%～20%计列。应综合考虑管网长度和用水区的发展潜力，确定村级供水工程取低值、乡镇供水工程和规模化供水工程取较高值。

7. 水厂自用水量

根据原水水质、净水工艺和净水构筑物(设备)类型确定。采用常规净水工艺的水厂，可按最高日供水量的5%～8%计算；只进行消毒处理的水厂，可不计此项。水厂自用水量不列入供水规模的计算。

8. 农村用水变化系数及供水时间

(1)基本全日供水工程的时变化系数 K_h，建议按表5-2采用：

表5-2　基本全日供水工程的时变化系数

供水规模 W(m³/d)	W>5000	5000≥W>1000	1000≥W≥200	W<200
时变化系数 K_h	1.6～2.2	1.8～2.2	2.0～2.5	2.5～3.0
注:企业日用水时间长且用水量比例较高时，K_h 取较低值；企业用水量比例很低或无企业用水量时，K_h 在2.0～3.0范围内取值，用水人口多、用水条件好或用水定额高的取较低值。				

(2)定时供水工程的时变化系数，可在3.0～4.0范围内取值，日供水时间长、用水人口多的取较低值。

(3)日变化系数 K_d 可在1.3～1.6范围内取值，建议采用 K_d=1.4～1.5。

(4)Ⅰ～Ⅲ型供水工程，应全日供水；条件不具备的Ⅳ～Ⅴ型供水工程，可定时供水。

(5)从我省近年村镇供水工程设计时变化系数取值情况来看，考虑到城镇化进程，建议水厂坐落在建制镇时，时变化系数取值可适当偏小。具体设计时，可参照表5-3，结合工程实际取值。

表5-3　建制镇集中式供水工程的时变化系数

供水规模 W(m³/d)	W>5000	5000≥W>1000	1000≥W≥200	W<200
时变化系数 K_h	1.6～1.8	1.8～2.0	2.0～2.3	2.3～2.5

5.3　供水规模的确定

应根据村镇居民用水的实际情况，考虑现状供水工程的已有供水能力，以近期为主、兼顾远期发展需要的原则，适度确定供水规模，必要时可考虑分质供水。

按以下原则适度确定供水规模，并列表计算，见表5-4：

表5-4　××县(市、区)××水厂供水规模计算表

序号	项　目	计算说明	用水定额	用水量小计	备注
1	居民生活				
2	村镇工副业				
3	公共建筑				
…	……				
	管网漏失及未预见				
	合　计				
	供水规模				
	人均综合用水量	供水规模/设计人口			

(1)按最高日用水量计算。

(2)不包括水厂自用水量(在工程取水、输水与净水的水量计算中，均需考虑水厂自用水量)。

(3)根据实际用水需求列项，并综合考虑现状用水量、用水条件及发展变化、水源条件、制水成本、用水户意愿，以及当地用水定额标准和类似工程的供水情况等。

(4)村镇其他用水量、建筑施工用水量为临时用水，汽车、拖拉机用水量为日常用水，均已包括在生活用水量、企业、公共建筑用水量和未预见用水量中；庭院浇灌用水量为非日常用水量，可错开用水高峰，且从经济合理考虑，不宜在供水规模中单列。

(5)对严重缺水地区，供水以解决生活用水为主，一般可不考虑村办和乡镇企业、畜禽用水量。

(6)联片供水工程,宜分别计算各村镇的用水量。

(7)水源取水量通常可按供水规模加水厂自用水量来确定,输水管道较长时,尚应增加输水管道的漏失水量,可按供水规模的3%~6%计列。

(8)按《城镇供水长距离输水管(渠)道工程技术规程》(CECS 193:2005)规定:距离超过10km的用管(渠)道输送原水、清水的建设工程,称为长距离输水管(渠)道工程。作者认为,村镇供水工程输送原水超过5km时,可适当考虑增加输水管道的漏失水量。

(9)Ⅰ~Ⅲ型供水工程原则上在百位"四舍五入取整数"、Ⅳ~Ⅴ型供水工程原则上在十位"四舍五入取整数"。

第6章　水源选择

主要内容：对供水范围内及其周边地区可能利用的各种水源进行调查，收集当地水文、现有供水设施及用水情况等资料。重点分析、论证供水工程各种可能水源的水质及不同保证率时的水量，并通过技术经济比较，确定工程采用的水源方案。

6.1　水源选择的原则和要求

6.1.1　水源选择的原则

1. 符合区域或流域水资源规划及相关要求。

2. 优质水源优先保证生活用水。

3. 当区域现有供水工程水源水量、处理能力能够满足原有及新增用户供水需求时，应优先采用现有工程管网延伸方式供水；城市周边地区宜选择市政供水管网解决饮水不安全问题。

4. 原水水质符合国家有关现行标准。

5. 应尽量优先选择地表水，其次选用地下水。采用地表水时，应优先选用满足要求且具有一定调蓄能力的水源。

6. 应加强区域水源调查，筛选优质可靠水源进行供水工程规划；区域内缺乏优质可靠水源时，应分析跨区域调水的可行性。

7. 平原地区，以地下水为水源但无水量充沛的集中水源地可利用时，可采用多个水厂联网供水，水源互为备用。

8. 我省淮北地区可考虑选择一些采煤沉陷区和一些天然洼地调蓄水，并结合骨干调水工程，解决供水水源问题；在水质符合要求的前提下，也可选择浅层地下水作为供水水源。

9. 当区域有多种水源供选择时，应先对其进行比较后再确定。

10. 当单一水源无法满足供水要求时，可采取多水源供水。

11. 规模化供水工程，宜优先选择保证率高且水质良好的地表水源，尤其应优先选择水库、傍河井或渗渠等水源，有条件时应有备用水源。

6.1.2 水源选择的要求

1. 水源水量充沛可靠。用地表水作水源时，枯水期流量的保证率应不低于95%；以地下水作水源时，其取水量应小于可开采量。

2. 水源水质：地下水水源水质符合《地下水质量标准》(GB/T 14848)的要求；地表水水源水质应符合《地表水环境质量标准》(GB 3838)的要求或符合《生活饮用水水源水质标准》(CJ 3020)的要求。

3. 水源选择应考虑安全、经济以及便于水源保护等因素。

4. 作为工程供水水源(如灌溉)，当改变原水源工程设计任务时，应取得原工程主管部门书面同意，并作为设计报告附件。

5. 有多处水源可供选择时，应对其水量、水质、投资、运行成本、施工和管理条件等进行全面的技术经济比较后择优确定。

6.2 水源论证

6.2.1 管网延伸工程论证

对现有工程进行水质、水压、水量论证，说明现有工程的供水方式、制水能力、富余水量，以及扩大供水范围后是否满足原有及新增用户的供水需求。

6.2.2 地表水水源论证

分析供水工程各个可能利用的地表水水源情况，对初步选定的地表水源进行径流、泥沙计算（Ⅳ～Ⅴ型供水工程，其计算可适当简化或提供已有工程相应的成果资料）。选择频率为95%的典型年，按照典型年的径流日分配流量与供水区日用水量进行供需对比平衡，分析水源的可靠性。

1. 工程一般应根据水文基本资料进行径流计算，评价计算结果，确定成果采用值。若无实测资料，可采用地区水文手册推荐的相关方法，推求径流成果。对受人类活动（治水、用水）影响较大的实测径流资料应进行还原计算；对影响较小的，可直接引用实测径流代替天然径流。对水库应进行水库径流调节计算。

2. 对多泥沙河流应说明泥沙来源、统计和估算悬移质和推移质的特征值，分析、论证多泥沙河流对工程建设和运行的影响。

6.2.3　地下水和泉水水源论证

地下水作为水源时应查明水源区水文地质条件，且地下水的取水量必须小于允许开采量；同时应考虑如下因素：

1. 区域地形、地层、地质构造和主要含水层的分布范围，埋藏条件，富水性，单井出水量等。

2. 水源开采层深度，主要含水层岩性特征，地下水类型，单井出水量，各含水层开采量，供水工程项目可开采总量等。

3. 供水区域及其周边影响范围内地下水开发利用现状、动态变化趋势、开采潜力。

4. 地下水资源评价应执行《供水水文地质勘查规范》（GB 50027）规定。对于供水规模小，可采用工程类比法借用周边地区现有机井作为参证井进行评价，其抽水试验报告应作为设计报告附件。

5. 泉水若有长系列观察资料，其流量计算可采用长系列进行分析确定；无观察资料时，可先通过调查方法估算，并通过实测，复核流量及过程分配。

6.3　水源的确定

1. 根据水源水量可靠、水质符合水环境标准、取水方便、便于管理等综合因素以及整体工程技术经济比较后合理选择工程水源。

2. 选定(或因水质原因否定)的水源,应以水质化验报告为基本依据。水源水质化验报告宜包括不同时段(如枯水期、丰水期等)取样化验报告单。地下水源可采用拟建工程附近参照井的水质化验单。水质化验报告应作为设计报告附件。

3. 结合我省不同区域水资源状况以及目前农村饮水安全工程建设规模化水厂的特点,供水水源的选择:淮北平原以中深层地下水为主,可考虑选择浅层地下水和地表水;江淮丘陵区以中型、小(一)型水库水及河湖水为主;沿江平原区以长江及其支流、湖泊为水源;皖西、皖南山区应以河流、水库、山泉为主要水源。

6.4 双水源工程

选择水源时,既要考虑水源水质,也要考虑水源水量,同时要兼顾工程运行的经济性。根据《村镇供水工程设计规范》(SL 687)3.2.3 条、5.1.1 条、5.2.3 条等的有关规定,结合村镇供水工程的实际情况,可按如下形式进行"双水源工程"设计。

地表水:地表水与地表水、地表水与地下水、地表水与调蓄池等,均应建取水泵站、输水管道及相关附属物。

地下水:地下水与地下水、地下水与调蓄池等,均应建取水泵站、输水管道及相关附属物。作者认为,以地下水为水源的水厂,采取单井(井群)设计、双井(井群)布置、循环使用较合适,能有效缩短井泵运行时间。

第7章　工程总体布置

主要内容：根据水源及供水区范围以及地形、地质等特点，通过对取水工程、输水管线、净(配)水厂位置及配水管网布设等的工程量、施工条件、投资、运行、管理诸方面的综合技术经济比较，选定取水点和净水厂位置，确定输水线路，优选净水工艺及方案，确定配水管网布置，提出科学合理的工程总体方案。

7.1　总体布置原则

1. 空间优化原则。总体布置根据水源与供水区(范围)之间的空间关系，做到充分利用自然地形条件，缩短供水线路，优化建(构)筑物布置，节约土地资源。

2. 节约投资原则。工程布置应考虑尽可能与现有工程设施相结合，避免浪费，节约投资。

3. 运行经济原则。水源取水方式、线路及建筑物布置应有必要的方案比较，合理采用分区、分压和分质供水，尽可能大的在供水范围内实现重力供水，以减少加压供水范围和供水量，降低运行费用。建(构)筑物位置应尽量靠近公路及现有道路，以方便施工和运行管理期间的交通运输。

7.2　给水系统方案比选

1. 根据水源条件、供水范围、建设周期，结合现有给水设施，提出方案进行比较，从技术、经济及耗用能源、主要材料等方面综合权衡、论证方案的合理性和先进性，择优选择推荐方案，列出所选方案的系统示意图。

2. 给水系统方案选择原则：

(1)应充分考虑对现有给水设施和构筑物的利用。

(2)当用水区地形高差较大时宜采用分压供水。对于远离水厂或局部地形较大的供水区域，可设置加压泵站，采用分区供水。

(3)当水源地与供水区域有地形高差可以利用时，应对重力输配水与加压输配水系统进行技术经济比较，择优选用。

7.3 取水工程布置

在水源选择的基础上，通过取水方式等技术经济比较，提出取水工程方案。

1. 地表水取水构筑物型式选择

(1)岸边式取水构筑物：河(库、湖等)岸坡较陡、稳定、工程地质条件良好，岸边有足够水深、水位变幅较小、水质较好。

(2)河床式取水构筑物：河(库、湖等)岸边平坦、枯水期水深不足或水质不好，而河(库、湖等)中心有足够水深、水质较好且床体较稳定。

(3)缆车或浮船式取水构筑物：水源水位变幅大，但水位涨落速度小于2.0m/h、水流不急、枯水期水深大于1m、冬季无冰凌。

(4)低坝式取水构筑物：在推移质不多的山丘区浅水河流中取水。

(5)底栏栅式取水构筑物：在大颗粒推移质较多的山丘区浅水河流中取水。

2. 地下水取水构筑物型式选择

(1)管井：适用于含水层总厚度大于5m，且底板埋深大于15m。

(2)大口井：适用于含水层总厚度为5～10m，且底板埋深小于20m。

(3)辐射井：适用于含水层有可靠补给、底板埋深小于30m。

(4)泉室：有泉水露头，水质良好，水量充足时选用。

3. 全省不同分区取水构筑物常见形式选择可参考表7-1

表 7－1 不同分区常见取水构筑物形式

分区＼水源	地下水			地表水			
	浅层	中深层	泉水	河流	湖泊	水库	溪流
淮北平原区		①					
江淮丘陵区					③、④、⑤		
沿江平原区				③、④、⑤、⑥			
皖西山区			②	③、④、⑧		③、⑤	⑦、⑧
皖南山区			②	③、④、⑧		③、⑤	⑦、⑧

说明：(1)地下水取水构筑物：①管井；②泉室。
地表水取水构筑物：固定式有③岸边式；④河床式。移动式有⑤浮船式；⑥缆车式；⑦低坝式；⑧底栏栅式。
(2)表中取水构筑物的选取是依据各地的水资源分布状况，结合统计的近年各地水厂取水形式得出，供参考。在实际选择时，主要应依据水源条件。

3. 井群布置

总体来讲，井群布置靠近主要用水地区；井群布置要合理，平均井间距干扰系数宜为25%～30%；井位与建(构)筑物应保持足够的安全距离。井位及井群布置形式可按如下原则设计：

(1)冲、洪积平原地区，井群宜垂直地下水流方向等距离或梅花状布置，当有古河床时，宜沿古河床布置。

(2)大型冲、洪积扇地区，当地下水开采量接近天然补给量时，井群宜垂直地下水流方向呈横排或扇形布置；当地下水开采量小于天然补给量时，井群宜呈圆弧形布置；当开采储存量用作调节时，井群宜近似方格网布置。

(3)傍河地区，井群宜平行河流单排或双排布置。

(4)大厚度含水层或多含水层，且地下水补给充足地区，可分段或分层布置取水井群。

(5)间歇河谷地区，井群宜在含水层厚度较大的地段布置。

7.4 输水线路选择

水源距净水厂距离较远时，应对输水线路选线、管径(断面)、条数、管道材料、设置加压泵站级数的方案做技术经济比较，择优选择推荐方案，列出方案的系统示意图。

输水线路的选择，应根据以下要求确定：

(1)整个供水系统布局合理。

(2)尽量缩短线路长度，尽量避开不良地质构造(地质断层、滑坡等)处，尽量沿现有或规划道路敷设。

(3)尽量满足管道地埋要求，避免急转弯、较大的起伏、穿越不良地质地段，减少穿越铁路、公路、河流等障碍物。

(4)充分利用地形条件，优先采用重力流输水。

(5)施工、运行和维护方便。

(6)考虑近、远期结合和分步实施的可能。

7.5 净(配)水厂总体设计

7.5.1 厂址选择

根据工程水源位置、输水管线及供水区情况等因素，说明厂址选择的依据、把握的原则、厂址的具体位置和地面高程；厂址的选择，应通过技术经济比较后确定。水厂厂址选择应满足以下要求：

(1)充分利用地形、靠近用水区和可靠电源，整个供水系统布局合理。

(2)与村镇建设规划相协调。

(3)满足水厂近、远期布置需要。

(4)不受洪水与内涝威胁。

(5)有良好的工程地质条件。

(6)有良好的卫生环境，并便于设立防护地带。

(7)有较好的废水排放条件。

(8)施工、运行管理方便。

7.5.2 净水工艺选择

根据水源特点，通过净水工艺比选，提出水厂合理的净水工艺流程和净水设施形式，明确主要设计参数，列出净水工艺流程图。

1. 净水工艺选择前，宜收集掌握下列资料：

(1)原水水质的历史资料(分丰水期和枯水期)。

(2)污染物的形成及发展趋势。对产生污染物的原因进行分析，寻找污染源。对潜在的污染影响和今后发展趋势做出分析和判断。

(3)当地或者相类似水源净水处理的实践。

(4)操作人员的经验和管理水平。应尽量选择符合当地习惯和使用要求的净水工艺。

(5)场地的建设条件。不同处理工艺对占地、地基承载等要求不同。

(6)经济条件。有些工艺对水质提高有较好的效果，但由于投资或运行费用较高，因此应结合经济条件考虑。

2. 地下水水源净水工艺：

(1)水质良好的地下水可只进行消毒处理。

(2)铁、锰超标的地下水应采用氧化、过滤、消毒的净水工艺。

(3)氟超标的地下水可采用吸附过滤法、混凝沉淀法或反渗透法等净水工艺。

(4)砷超标的地下水可采用复合多介质过滤法或混凝沉淀法等净水工艺。

(5)硬度超标的地下水可采用离子交换法处理工艺。

(6)苦咸水淡化可采用电渗析或反渗透等处理工艺。

3. 地表水水源净水工艺：

(1)当原水水质符合《地表水环境质量标准》(GB 3838)要求时：

① 原水浊度长期不超过20NTU、瞬间不超过60NTU时，可采用慢滤加消毒或接触过滤加消毒的净水工艺；

② 原水浊度长期低于500NTU、瞬间不超过1000NTU时，可采用混凝沉淀(或澄清)、过滤加消毒的常规净水工艺；

③ 原水含沙量变化较大或浊度经常超过500NTU时，可在常规净水工艺前采取预沉措施；高浊度水应按《高浊度水给水设计规范》(CJJ 40)的要求进行净化。

(2)地表水季节性浊度变化较大时宜设沉淀池超越管，水质较好时可超越沉淀池进行微絮凝过滤。

(3)微污染地表水可采用强化常规净水工艺,或在常规净水工艺前增加生物预处理或化学氧化处理,也可采用滤后深度处理。

(4)含藻水宜在常规净水工艺中增加气浮工艺,并符合《含藻水给水处理设计规范》(CJJ 32)的要求。

4. 地下水水质符合现行国家标准《地下水质量标准》(GB/T 14848)规定的Ⅲ类以上水质指标时,可采用图7-1中的两种方式。

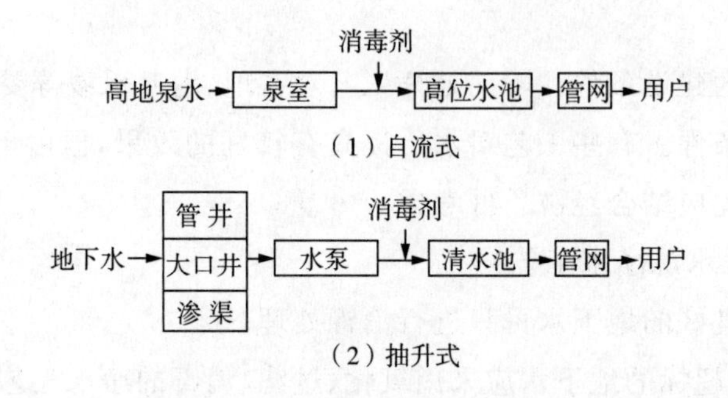

图7-1 仅消毒地下水净水工艺流程

5. 皖南山区和大别山地区的小型集中供水工程,以山溪水或高位水库为水源时,可根据原水浊度及变化情况选择预沉—粗滤—慢滤等组合净水工艺。

6. 对于淮北平原区,氟、铁(锰)地下水超标地区,水源多为中深层孔隙承压水,其净水厂一般工艺流程如图7-2、图7-3所示。

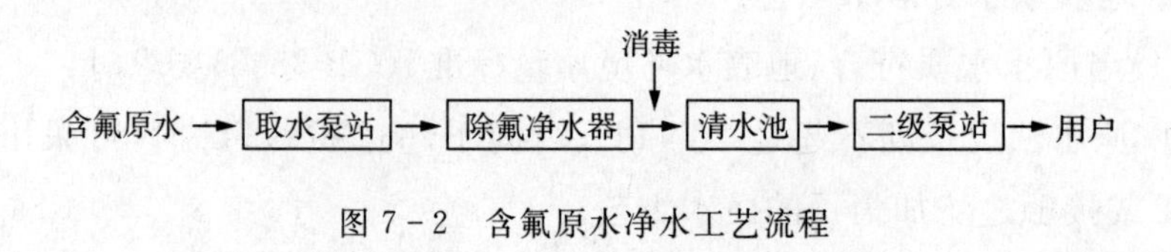

图7-2 含氟原水净水工艺流程

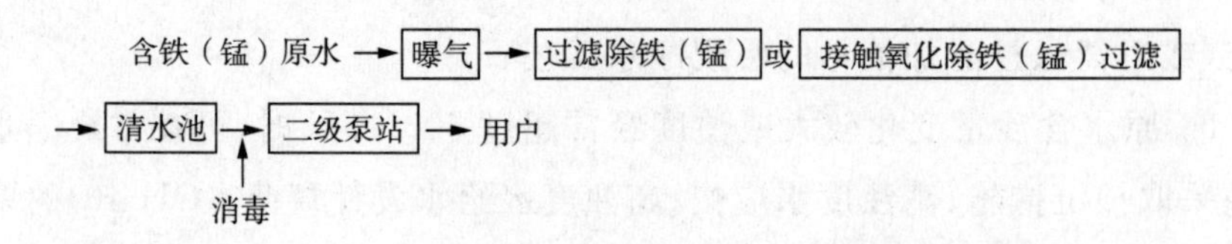

图7-3 含铁(锰)原水净水工艺流程

7. 对于江淮丘陵、沿江平原区等地区，建设规模水厂多以河流、湖泊和水库等地表水体为水源。水源水质达到地表水Ⅲ类及以上的，其净水工艺流程一般如图 7 - 4 所示。

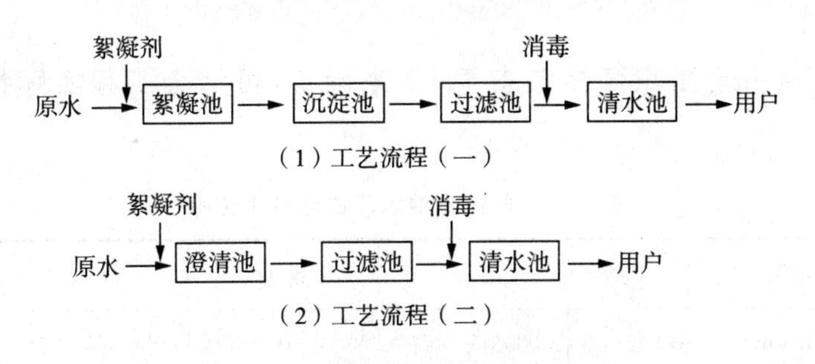

图 7 - 4　地表水常规净水工艺流程

8. Ⅰ～Ⅲ型供水工程净水设施应采用净水构筑物方案，其中，Ⅲ型供水工程净水设施可采用组合式净水构筑物方案；Ⅳ～Ⅴ型供水工程净水设施可采用慢滤或净水装置方案，其中，Ⅴ型供水工程净水设施宜选用生物慢滤方案。

9. 对于氟、铁(锰)等超标地区，若原水水质氟(铁、锰)达标，其水厂净水工艺应考虑运行中可能出现的氟(铁、锰)等超标问题。

10. 净水工程设计应考虑任一构筑物或设备进行检修、清洗或停止工作时仍能满足供水要求。

11. 淮北地区的净水构筑物和设备宜有防冻措施，江淮及皖南地区的净水构筑物和设备宜有防晒措施。

12. 设计采用的水处理设备、消毒设备和化学处理剂等应符合卫生安全规定的要求。

7.5.3　水厂平面布置

说明布置的原则，具体布置形式及合理性，详细说明水厂的总占地面积，厂区内各构筑物、建筑物、设备、管道等的布置方式、位置及尺寸间距等。

1. 对水厂内的生产构筑物(如絮凝池、沉淀池、滤池等)、辅助及附属建筑物(包括加药间、值班室、消毒间、检验室等)的面积，以及结构形式、安全措施、装饰等进行设计。

2. 对厂区内的各种管道(包括各构筑物之间的连接管道、构筑物的排水管道、排泥管道、厂区排污管道等)的大小、走向进行设计。

3. 对进厂道路及厂区内绿化、大门、围墙等进行设计,并有必要的安全防护设施。

4. 厂区占地面积可参考表 7-2 来确定,可结合工程实际情况适当选取。

表 7-2 村镇集中水厂占地参考指标

工程类型		Ⅰ型	Ⅱ型	Ⅲ型	Ⅳ型	Ⅴ型
供水规模 W(m^3/d)		$W \geqslant 10000$	$10000 > W \geqslant 5000$	$5000 > W \geqslant 1000$	$1000 > W \geqslant 200$	$W < 200$
用地控制指标[m^2/(m^3/d)]	地表水	0.7~1.0	0.9~1.1	1.0~1.3	1.1~1.4	1.2~1.5
	地下水	0.4~0.7	0.6~0.8	0.7~1.0	0.9~1.3	1.0~1.5

注:水厂占地系指水厂围墙内的用地,包括构(建)筑物、道路及绿化用地,未包括水厂外的取水泵站、高位水池(水塔)、加压泵站等用地。取值时,根据供水规模、净化工艺类型及复杂程度、卫生防护等情况来确定。Ⅴ型工程不小于 100m^2。

5. 水厂总平面布置应注意下列要求。

(1)按照功能,分区集中。通常水厂分为生产区、生活区和维修区。

① 生产区:净水工艺流程布置类型有直线型、折角型和回转型三种。加药间应尽量靠近投加点,一般可设置在沉淀池附近,形成相对完整的加药区。冲洗泵房和鼓风机房宜靠近滤池布置,以减少管线长度,便于操作和管理。

② 生活区:将办公楼、值班宿舍、食堂厨房、锅炉房等建筑物组合为一区。生活区尽可能放置在进门附近,便于外来人员联系,使生产系统少受外来干扰。化验室可设在生产区,也可设在生活区的办公楼内。

③ 维修区:将维修车间、仓库以及车库等组合为一区。该区占用场地较大,堆放配件杂物,宜与生产系统隔离,独立为一区块。

(2)注意净水构筑物扩建时的衔接。

净水构筑物通常可逐组扩建,但二级泵房、加药间,以及某些辅助设施,不宜分组过多,应考虑远期构筑物扩建后的整体性。

(3)考虑物料运输、施工和消防要求。

一般在主要构筑物的附近应有道路通达。为了满足消防要求和避免施工影响,某些建筑物间必须留有一定间距。

(4)因地制宜,节约用地。

7.5.4　水厂高程布置

详细说明各制水构筑物的高程布置、衔接以及正常工况下的水位关系,阐述厂区内其他建筑物及厂区地坪等的高程关系。

1. 水厂的高程布置应根据厂址地形、地质条件、周围环境以及进水水位标高来确定。

2. 由于净水构筑物高程受控于净水流程,各构筑物间的高差应按净水流程计算决定,优先采用重力流布置。辅助构筑物以及生活设计则可根据具体场地条件作灵活布置,但应保持总体协调。净水构筑物的高程布置一般有图 7-5 所示的 4 种类型。

(1)高架式[图(a)]:主要净水构筑物池底埋设在地面下较浅,构筑物大部分高出地面,是目前采用最多的一种布置形式。

(2)低架式[图(b)]:净水构筑物大部分埋设在地面以下,池顶离地面约 1m 左右。这种布置操作管理较为方便,厂区视野开阔,但由于构筑物埋深较大,导致增加造价,带来排水困难。当厂区采用高填土或上层土质较差时可考虑采用。

(3)斜坡式[图(c)]:当厂区原地形高差较大,坡度又较平缓时,可采用斜坡式布置。设计地面高程从进水端坡向出水段,以减少土石方工程量。

(4)台阶式[图(d)]:当厂区原地形高差较大,而其落差又呈台阶时,可采用台阶式布置,但要注意道路交通的畅通。

3. 构筑物标高计算,包括以下几个方面。

(1)取水口或水源井的最低运行水位。

(2)计算取水泵房(一级泵房)在最低水位和设计流量条件下的吸水管水头损失。

(3)确定水泵轴心标高。

(4)确定泵房底板标高。

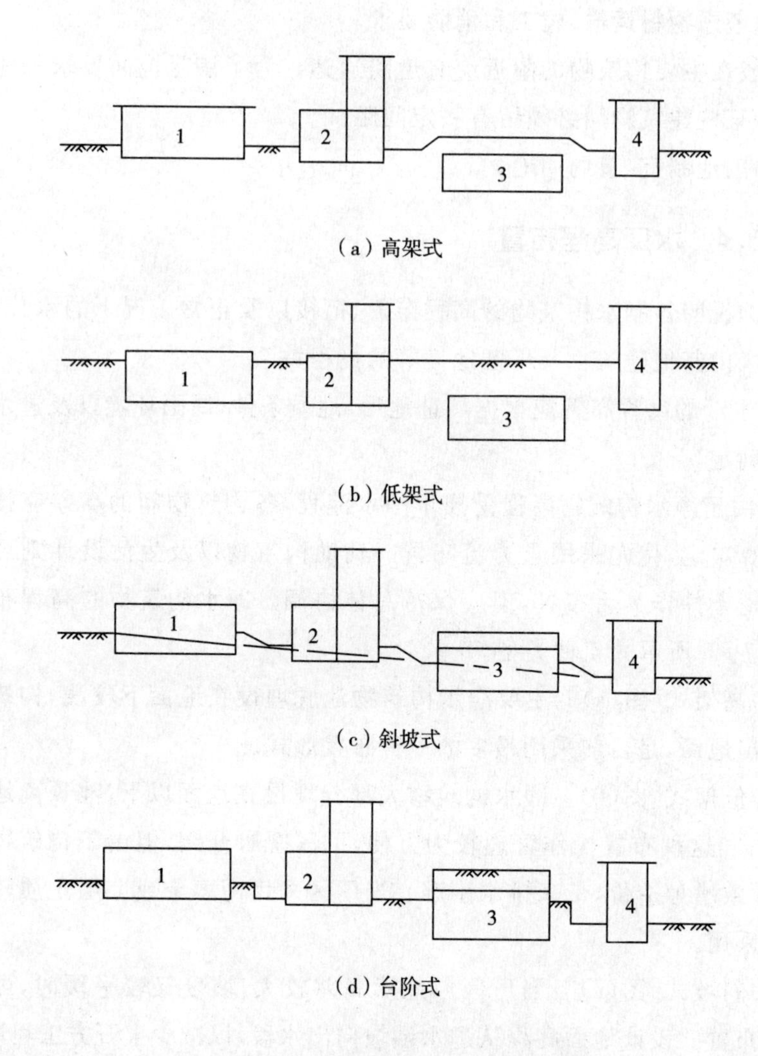

图 7-5 净水构筑物高程布置

1—沉淀池;2—滤池;3—清水池;4—二级泵房

(5)计算水管水头损失。

(6)计算取水泵房至沉淀池(混合器、絮凝池)或澄清池的水头损失。

(7)确定沉淀池(混合器、絮凝池)或澄清池本身水头的水头损失。

(8)计算沉淀池(混合器、絮凝池)或澄清池与滤池之间连接管水头损失。

(9)确定滤池本身的水头损失。

(10)计算滤池至清水池连接管水头损失。

(11)由清水池最低水位计算配水泵房(二级泵房)水泵轴心标高。

4. 构筑物间应设方便和安全的通道,规模较小时,可采用组合式布置;净水构筑物上的主要通道应设防护栏杆,栏杆高度不宜小于1.1m;尽可能有遮阳避雨措施。

7.6 配水管网布置

1. 村庄及规模较小的镇,可布置成树枝状管网;规模较大的镇,有条件时,宜布置成环状或环树结合的管网。

2. 管线宜沿现有道路或规划道路路边布置。管道布置应避免穿越毒物、生物性污染或腐蚀性地段,无法避开时应采取防护措施。主干管布置应以较短的距离引向用水大户。

3. 管顶覆土应根据冰冻情况、外部荷载、管材强度、与其他管道交叉等因素来确定。

4. 管道埋设应符合下列规定:

(1)管顶覆土应根据冰冻情况、外部荷载、管材强度、土壤地基、与其他管道交叉等因素确定。非冰冻地区,在松散岩层中,管顶覆土不宜小于0.7m,在基岩风化层上埋设时,管顶覆土不应小于0.5m;寒冷地区,管顶应埋设于冻深线以下0.15m;穿越道路、农田或沿道路铺设时,管顶覆土不宜小于1.0m。

(2)管道应埋设在未经扰动的原状土层上;管道周围0.2m范围内应用细土回填;回填土的压实系数不应小于90%。在承载力达不到设计要求的软地基上埋设管道应进行基础处理;在岩石或半岩石地基上埋设管道应铺设砂垫层,砂垫层厚度不应小于0.1m。

(3)当供水管与污水管交叉时,供水管应布置在上面,且不应有接口重叠。

(4)供水管道与建筑物、铁路和其他管道的水平净距,应根据建筑物基础结构、路面种类、管道埋深、设计管压、管径、管道上附属构筑物、卫生安全、施工和管理等条件确定。与建筑物基础的水平净距应大于3.0m;与围墙基础的水平净距应大于1.5m;与铁路路堤坡脚的水平净距应大于5.0m;与电力电缆、通信及照明线杆的水平净距应大于1.0m;与高压电杆支座的水平净距应大于3.0m;与污水管、煤气管的水平净距应大于1.5m。当不能满足此要求时应有防护措施。

5. 给水管道与铁路、高等级公路等重要设施交叉时,应取得相关行业管理部门的同意,并按其技术规范执行。

6. 管道穿越河流、沟渠时,可采用沿现有桥梁架设水管或管桥,或敷设倒虹管从河底穿越等方式。穿越河底时,管道管内流速应大于不淤流速,在两岸应设阀门井,应有检修和防止冲刷破坏的措施。管道在河床下的深度应在其相应防洪标准的洪水冲刷深度以下,且不小于1m。管道埋设在通航河道时,应符合航运部门的规定,并应在河岸设立标志,管道埋设深度应在航道底设计高程2.00m以下。

7. 露天管道应有调节管道伸缩的设施,并设置保证管道整体稳定的措施;冰冻地区尚应采取保温等防冻措施。

8. 穿越沟谷、陡坡等易受洪水或雨水冲刷地段的管道,应采取必要的保护措施。

9. 承插式管道在垂直或水平方向转弯处支墩和镇墩的设置,应根据管径、转弯角度、设计内水压力、接口摩擦力以及地基和回填土土质等因素确定。

10. 管道的冲洗和试压等应符合《给水排水管道工程施工及验收规范》(GB 50268)的有关规定。

7.7 管材的选择

1. 管材应根据使用条件和管材特点以及施工条件等因素综合考虑,并对经济、技术指标进行比较,择优选择。工程设计中,管径≥DN350mm的拟宜选用球墨铸铁管,其余规格管径宜采用给水PE管,入户管则宜采用PE管或PPR管。

2. 供水管材选择应根据设计内径、设计内水压力、敷设方式、外部荷载、地形、地质、施工和材料供应等条件，通过结构计算和技术经济比较确定，并应符合下列要求：

(1)应取得涉水产品卫生许可批件。

(2)应符合国家现行产品标准要求。

(3)管道的设计内水压力可按表7－3确定，选用管材的公称压力不应小于设计内水压力。

3. 管道结构设计应符合《给水排水工程管道结构设计规范》(GB 50332)的规定。

4. 露天明设管道应选用金属管，采用钢管时应进行内外防腐处理，内防腐不应采用有毒材料，并严禁采用冷镀锌钢管。

5. 与管材连接的管件和密封圈等配件，宜由管材生产企业配套供应。

6. 长距离压力输水管道的公称压力应根据最大使用压力确定，其值应为最大使用压力加0.2～0.4MPa安全余量。当选用非金属管材时，安全余量可根据经验适当放大。输水管道的最大使用压力，应经过水锤计算确定。

表7－3　不同管材的设计内水压力　　单位：MPa

管材种类	最大工作压力	设计内水压力
钢管	P	$P+0.5\geqslant 0.9$
塑料管	P	$1.5P$
球墨铸铁管	$P\leqslant 0.5$	$2P$
	$P>0.5$	$P+0.5$
混凝土管	P	$1.5P$
注：最大工作压力应根据工作时的最大动水压力和不输水时的最大静水压力来确定。		

7.8　征地、拆迁范围和数量

工程永久占地包括工程占地和工程管理范围内的占地。说明占地范围、实物指标、移民安置规划等，并估算补偿投资。有移民的应取得政府部门的批复文件。

第8章　工程设计

主要内容：根据水源水质、供水规模、供区范围、地理地质等情况，对各类净水构筑物进行具体设计。Ⅰ～Ⅲ型供水工程应采用土工构筑物，Ⅳ～Ⅴ型供水工程宜采用土工构筑物。

8.1　工程等级、类型和设计标准

1. 工程等级及类型

工程等级根据《水利水电工程等级划分及洪水标准》(SL 252)的有关内容合理确定；工程类型根据《村镇供水工程设计规范》(SL 687)按供水规模分类。

2. 工程设计标准

(1)水质

饮用水水质符合国家《生活饮用水卫生标准》(GB 5749)要求。

(2)用水方便程度

集中式供水工程应供水入户。

(3)服务水压

① 入户水压：配水管网中用户接管点的最小服务水头，皖西、皖南山区不应低于5m，淮北平原、沿江平原和江淮丘陵区不应低于10m。集镇区或楼房比较多的农村供水区域，单层建筑物可为10m，两层建筑物可为12m，两层以上的每增高一层可增加4.0m。当用户高于接管点时，尚应加上用户与接管点的地形高差。农村一般不宜高于15m的最小服务水头。

② 公用给水栓：村组最远点或最高点处的公用给水栓水压不应低于

10m,为以后自来水入户创造条件。考虑扩大供水规模,主管末端水压应满足发展要求。

③ 配水管网中,消火栓设置处的最小服务水头不应低于10m。

④ 对居住很高或很远的个别农户不应作为设计控制水压条件,采取局部加压满足其用水需要。

⑤ 用户水龙头的最大静水头不宜超过40m,超过时宜采取减压措施。

(4)供水干线末端水压

① 一般情况下,供水干线末端压力不宜低于0.12MPa。

② 经济发达、规模较大集镇和社区,供水干线末端压力宜为0.28MPa。

③ 边远或条件较差的地区,供水干线末端压力不应低于0.05MPa。

3. 工程防洪设计

(1)集中供水工程的防洪设计应符合《防洪标准》(GB 50201)以及《水利水电工程等级划分及洪水标准》(SL 252)的有关规定。

(2)Ⅰ～Ⅲ型供水工程主要建(构)筑物应按30～20年一遇洪水标准设计、100～50年一遇洪水进行校核;Ⅳ～Ⅴ型供水工程主要建(构)筑物应按20～10年一遇洪水标准设计、50～30年一遇洪水进行校核。

(3)位于长江干堤、淮河干堤、巢湖重点圩堤内及我省其他重要河流的集中供水工程,其防洪标准与堤防防洪设计标准一致;如河流堤防低于供水工程规定的防洪标准,则按规定的防洪标准设计。

(4)Ⅰ～Ⅲ型供水工程主要建(构)筑物等级为《防洪标准》(GB 50201)中的3级;Ⅳ～Ⅴ型供水工程主要建(构)筑物等级为《防洪标准》(GB 50201)中的4级。

4. 工程抗震设计

(1)集中式供水工程的抗震设计应符合《建筑抗震设计规范》(GB 50011)以及《构筑物抗震设计规范》(GB 50191)的有关规定。

(2)供水工程的主要建(构)筑物抗震设计分类为《建筑抗震设计规范》(GB 50011)中乙类。

(3)Ⅰ～Ⅲ型供水工程主要建(构)筑物应按本地区抗震设防烈度提高1度采取抗震设计;Ⅳ～Ⅴ型供水工程主要建(构)筑物应按本地区抗震设防烈度采取抗震设计。

(4)按《建筑抗震设计规范》(GB 50011)规定,我省抗震设防烈度划分标准如下:

① 抗震设防烈度为7度,设计基本地震加速度值为0.15g:

第一组:五河,泗县。

② 抗震设防烈度为7度,设计基本地震加速度值为0.10g:

第一组:合肥(蜀山、庐阳、瑶海、包河),蚌埠(蚌山、龙子湖、禹会、淮上),阜阳(颍州、颍东、颍泉),淮南(田家庵、大通),枞阳,怀远,长丰,六安(金安、裕安),固镇,凤阳,明光,定远,肥东,肥西,舒城,庐江,桐城,霍山,涡阳,安庆(大观、迎江、宜秀),铜陵县;

第二组:灵璧。

③ 抗震设防烈度为6度,设计基本地震加速度值为0.05g:

第一组:铜陵(铜官山、狮子山、郊区),淮南(谢家集、八公山、潘集),芜湖(镜湖、弋江、三山、鸠山),马鞍山(花山、雨山、金家庄),芜湖县,界首,太和,临泉,阜南,利辛,凤台,寿县,颍上,霍邱,金寨,含山,和县,当涂,无为,繁昌,池州(贵池),岳西,潜山,太湖,怀宁,望江,东至,宿松,南陵,宣城(宣州),郎溪,广德,泾县,青阳,石台;

第二组:滁州(琅琊、南谯),来安,全椒,砀山,萧县,蒙城,亳州(谯城),巢湖,天长。

第三组:濉溪,淮北(相山、烈山、杜集),宿州(埇桥)。

(5)中国地震动峰值加速度区划图(安徽省),见图8-1。

8.2 取水构筑物设计

1. 阐述地表水取水口位置选择、高程关系,取水头部、取水构筑物型式或地下水水源地机井的设计原则及方案比较。

2. 说明各构筑物的工艺设计参数、结构型式、基本尺寸、设备选型、数量、主要性能参数、运行要求等。

3. 地表水取水构筑物要说明设计标准,防冰凌、防水草、防淤积及岸坡保护措施以及对航运的影响等。

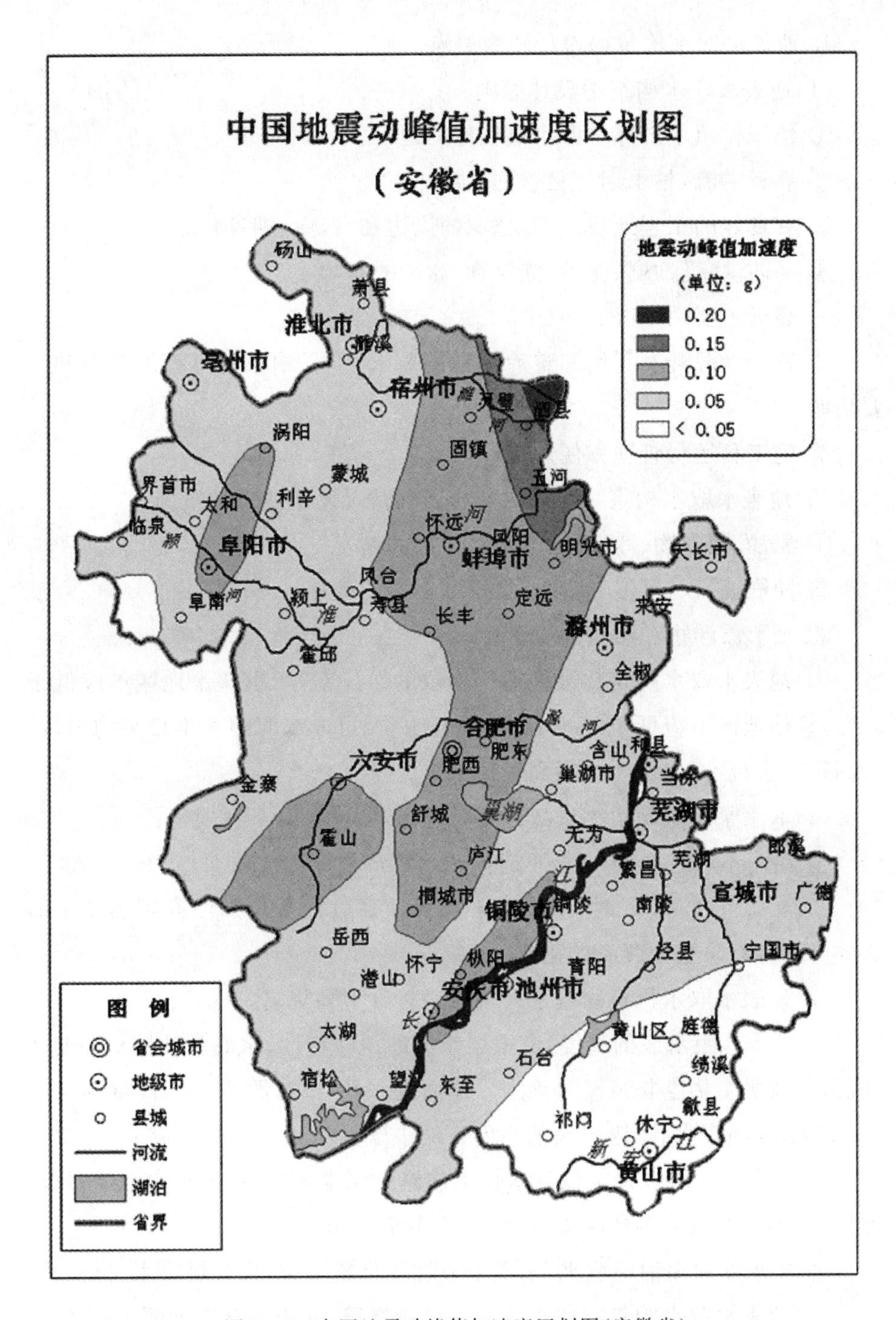

图8－1　中国地震动峰值加速度区划图(安徽省)

4. 地表水取水构筑物设计技术要点

(1)地表水取水构筑物设计原则：

① 位于村镇上游等水源水质较好的地带。

② 靠近主流，枯水期有足够的水深。

③ 有良好的工程地质条件，稳定的岸边和河(库、湖等)床。

④ 易防洪，受冲刷、泥沙、漂浮物、冰凌的影响小。

⑤ 靠近主要用水区。

⑥ 符合水源开发利用和整治规划的要求，不影响原有工程的安全和主要功能。

⑦ 施工和运行管理方便。

(2)地表水取水构筑物应采取防止下列情况发生的保护措施：

① 泥沙、漂浮物、冰凌、冰絮和水生物的堵塞。

② 冲刷、淤积、风浪、冰冻层挤压和雷击的破坏。

③ 水上漂浮物和船只的撞击。

(3)地表水取水构筑物最低运行水位的保证率，严重缺水地区不应低于90%，其他地区不应低于95%；正常运行水位，可取水源的多年日平均水位；最高运行水位，可取水源的最高设计水位。

(4)取水泵房或闸房的进口地坪设计标高，应符合下列规定：

① 浪高不超过0.5m时，不应低于水源最高设计水位加0.5m。

② 浪高超过0.5m时，不应低于水源最高设计水位加浪高再加0.5m，必要时尚应有防止浪爬高的措施。

(5)地表水取水构筑物进水孔位置应符合下列规定：

① 进水孔距水底的高度，应根据水源的泥沙特性、水底泥沙沉积和变迁情况，以及水生物生长情况等确定。侧面进水孔，下缘距水底的高度不应小于0.5m；顶面进水孔，距水底的高度不应小于1.0m。

② 进水孔上缘在最低设计水位下的淹没深度，应根据进水水力学要求、冰情、漂浮物和风浪等情况确定，且不应小于0.5m。

③ 在水库和湖泊中取水，水质季节性变化较大时，宜分层取水。

(6)地表水取水构筑物进水孔前应设置格栅，并应符合下列要求：

① 栅条间净距应根据取水量大小、漂浮物等情况确定，可为30～80mm。

② 过栅流速,可根据下列情况确定:

河床式取水构筑物,有冰絮时可采用 0.1～0.3m/s,无冰絮时可采用 0.2～0.6m/s。

岸边式取水构筑物,有冰絮时可采用 0.2～0.6m/s,无冰絮时可采用 0.4～1.0m/s。

计算过栅流速时,阻塞面积可按 25%估算。

(7)缆车或浮船式取水构筑物设计应符合下列要求:

① 应有足够的稳定性和刚度。

② 机组和管道的布置,应使缆车或浮船平衡;机组基座的设计,应减少对缆车或浮船的振动,机组应设在一个基座上。

③ 缆车式取水构筑物宜布置在岸边倾角为 10°～28°的地段;缆车轨道的坡面宜与原岸坡接近;水下部分轨道,应避免挖槽,有淤积时尚应考虑冲砂措施;缆车应设安全可靠的制动装置。

④ 浮船式取水构筑物的位置,应选择在河岸较陡和停泊条件良好的地段;浮船应有可靠的锚固设施。

(8)低坝式取水构筑物应选择在河床稳定的河段,并有泄水和冲砂设施;坝高应满足取水水深和蓄水量要求;取水口宜布置在坝前河床凹岸处;应满足河道泄洪、排涝及引水要求

(9)底栏栅式取水构筑物应选择在河床稳定、纵坡大、水流集中和山洪影响较小的河段,并有沉砂和冲砂设施。

(10)地表水取水构筑物中的闸、坝、泵站等设计,应符合相关技术标准的要求。

(11)在多泥沙河流上取水时,宜在取水构筑物附近设预沉池。

5. 地下取水构筑物设计技术要点

(1)地下取水构筑物设计原则:

① 拟开采含水层应根据各含水层的岩性、透水性、水质、补给条件和设计取水量等确定。

② 构筑物深度应根据拟开采含水层的埋深、岩性、出水能力、枯水季地下水位埋深及其近年来的下降情况、其他井的影响、施工工艺等因素综合确定。

③ 进水结构应具有良好的过滤性能,进水能力大于设计取水量,结构坚

固，抗腐蚀性强，且不宜堵塞。

④ 应有防止地面污水和非开采含水层渗入的措施。井口周围应用不透水材料封闭，封闭深度不宜小于 3m；室外管井井口应高出地面 200～500mm。对不良含水层和其他非开采含水层应封闭，封闭材料可分为黏土或水泥沙浆等；选用的隔水层，单层厚度不宜小于 5m；封闭位置宜超过封闭含水层上、下各不小于 5m。

⑤ 大口井、辐射井、渗渠和泉室，应有通气措施。

⑥ 应有测量水位的条件和装置。

⑦ 位于河道附近的地下取水构筑物，应有防冲和防淹措施。

⑧ 管井、大口井、辐射井的设计应执行《机井技术规范》(GB 50625)、《供水管井技术规范》(GB 50296)的规定。需计算单井出水量和影响半径，注意渗透系数、过滤器类型及进水能力等的选择。

(2)自含有粉砂、细沙的含水层中取水，并直接向管网送水时或水质需要特殊处理时，出水管道上宜设除砂过滤器。结合工程实际，可选择扩大管式除砂器、旋流式除砂器和压力式侧向斜流板除砂器等。

(3)大口井进水方式宜采用井底进水或井底、井壁同时进水方式。

(4)规模化集中供水工程，应设备用井；备用井数量，可按设计取水量的 10%～20%确定，且不少于一眼。

6. 泉室设计技术要点

(1)泉室应根据地形、泉水类型和补给条件进行布置，应有利于出水和集水，不宜破坏原地质构造。

(2)泉室容积应根据泉室功能、泉水流量和最高日用水量等条件确定。泉室与清水池合建时，泉室容积可按最高日用水量的 25%～50%计算；与清水池分建时，可按最高日用水量的 10%～15%计算。

(3)布置在泉眼处的泉室，进水侧应设反滤层，其他侧应封闭。反滤层宜为 3～4 层，每层厚 200～400mm，底部进水的上升泉总厚度不小于 600mm；侧向进水的下降泉总厚度不小于 1000mm。与泉眼相邻的反滤层滤料的粒径可按式(8-1)计算，两相邻反滤层的粒径比值宜为 2～4。侧向进水的泉室，进水侧应设齿墙；基础不应透水。

$$D_I=(6\sim8)d_b \tag{8-1}$$

式中 D_l——与含水层相邻的第一层反滤料的粒径,mm;

d_b——含水层颗粒的计算粒径,当含水层为粉细砂时,$d_b=d_{40}$;为中砂时,$d_b=d_{30}$;为粗砂时,$d_b=d_{20}$(d_{40}、d_{30}、d_{20}分别为含水层颗粒过筛重量累计百分比为40%、30%、20%时的最大颗粒直径),mm。

(4)泉室结构应有良好的防渗措施,并设顶盖、通气管、溢流管、排水管和检修孔。

(5)泉室周围地面,应有防冲和排水措施。

8.3 输水管道及附属设施设计

1. 设计中应考虑取水构筑物与净水厂的位置、高程关系,管道走向、长度、管径(断面),管材、埋设深度、防腐措施,输水管渠穿越铁路、公路、河流等障碍物的工程措施等因素。同时也要考虑取水泵站位置、布置和机组设备选型,防止水锤措施等因素。

2. 输水方式的选择应根据沿程地形状况,对采用重力输水方式和加压输水方式作全面技术经济比较后,加以确定。

3. 从水源至净水厂的原水输水管的设计流量,应按最高日平均时供水量确定,并计入输水管的漏损水量和净水厂自用水量;从净水厂至管网的清水输水管道的设计流量,应按最高日最高时用水条件下,由净水厂负担的供水量计算确定。

4. 规模较小的工程,可按单管布置;长距离输水单管布置时,可适当增加调节构筑物的容积。规模较大的工程,宜按双管布置;双管布置时,应设连通管和检修阀,当主干管的任何一段发生事故时,输水管道仍能通过70%的设计流量。

输水管道设在地下水位线以下时,应进行抗浮验算。

5. 应在管道凸起点设空气阀;长距离无凸起点的管段,每隔1.0km左右亦应设空气阀。空气阀直径可为管道直径的1/8~1/12。

6. 应在管道低凹处设泄水阀,泄水阀直径可为管道直径的1/3~1/5。

7. 水源到水厂的输水管道始端和末端均应设控制阀。

8. 输水管道上的各种阀门应安装在阀门井内。阀门井应具有足够的坚固性和阀门操作检修空间。阀门井在地下水位线以下部分应防水,并进行抗浮验算。

9. 设置消防栓的管道内径不宜小于100mm。

8.4 水厂及附属构筑物设计

8.4.1 净(制)水构筑物设计

根据原水水质分析和出水水质要求,确定净化工艺流程。按照《村镇供水工程设计规范》(SL 687)的要求进行设计。依据选定的净水工艺流程,从下列常用净水构筑物设计要求中选择相应子节。

1. 预处理设计

说明预处理所用池型及主要设计参数、尺寸、主要设备型式和主要性能参数、数量,采用新技术的工艺原理和特点。

(1)原水的含沙量或色度、有机物、致突变前体物等含量较高、臭味明显或为改善凝聚效果,可在常规处理前增设预处理。

(2)当原水含沙量过高时,宜采取预沉措施,并满足下列要求:

① 预沉方式的选择,应根据原水含沙量及其粒径组成、沙峰持续时间、排泥要求、处理水量和水质要求等因素,结合地形条件采用沉砂自然沉淀或絮凝沉淀。

② 预沉池的设计数据,应通过原水沉淀试验或参照类似水厂的运行经验确定。

③ 预沉池一般可按沙峰持续时间内原水日平均含沙量设计。当原水含沙量超过设计值期间,应考虑有调整凝聚剂投加或采取其他措施的可能。

(3)生活饮用水原水中的氨氮、嗅阈值、有机微污染物、藻含量较高时,可采用生物预处理。

(4)采用氯预氧化处理工艺时,加氯点和加氯量应通过试验确定,尽量减少消毒副产物的产生。

(5)采用臭氧预氧化时,应符合《室外给水设计规范》(GB 50014)第9.9节相关条款的规定。

(6)当原水含沙量变化较大或浊度经常超过500NTU时,宜采用天然池塘或人工水池进行自然沉淀;自然沉淀不能满足要求时,可投加混凝剂或助凝剂加速沉淀。

(7)自然沉淀池应根据沙峰期原水悬浮物含量及其组成、沙峰持续时间、水源保证率、排泥条件、设计规模、预沉后的浊度要求、地形条件、原水沉淀试验等,并参照相似条件下的运行经验进行设计,并应符合下列规定:

① 预沉时间可为8～12h,有效水深宜为1.5～3.0m,池顶超高不宜小于0.3m,池底设计存泥高度不宜小于0.3m。

② 出水浊度应小于500NTU。

③ 应有清淤措施,自然沉淀池宜分成两格并设跨越管。

④ 当水源保证率较低时,自然沉淀池可兼作调蓄池,其有效容积应根据水源枯水期可供水量和需水量来确定。

(8)当原水浊度超过慢滤池进水浊度要求时,宜采用粗滤池进行预处理。粗滤池的设计应符合下列规定:

① 原水含砂量常年较低时,粗滤池宜设在取水口;原水含砂量常年较高或变化较大时,粗滤池宜设在预沉池后。

② 进水浊度应小于500NTU;出水浊度应小于20NTU。

③ 设计滤速宜为0.3～1.0m/h,原水浊度高时取低值。

④ 竖流粗滤池设计应符合下列要求:

● 宜采用二级串联,滤料表面以上水深0.2～0.3m,保护高0.2m。

● 上向流粗滤池底部应设配水室、排水管和集水槽。

● 滤料宜选用卵石或砾石,顺水流方向由大到小按三层铺设,并符合表8-1的规定。

表8-1　竖流粗滤池滤料的组成

粒径(mm)	厚度(mm)	粒径(mm)	厚度(mm)
4～8	200～300	16～32	450～500
8～16	300～400		

⑤ 平流粗滤池宜由三个相连的卵石室或砾石室组成，并符合表 8－2 规定。

表 8－2　平流粗滤池滤料的组成与池长

卵石室或砾石室	粒径(mm)	池长(mm)
室 1	16～32	2000
室 2	8～16	1000
室 3	4～8	1000

(9)慢滤池的设计应符合下列规定：

① 进水浊度宜小于 20NTU，布水应均匀。

② 应按 24h 连续工作设计。

③ 滤速宜按 0.1～0.3m/h 设计，进水浊度高时取低值。

④ 出口应有控制滤速的措施，可设可调堰或在出水管上设控制阀和转子流量计。

⑤ 滤料宜采用石英砂，粒径 0.3～1.0mm，滤层厚度 800～1200mm。

⑥ 滤料表面以上水深宜为 1.0～1.2m；池顶应高出水面 0.3m、高出地面 0.5m。

⑦ 承托层宜为卵石或砾石，自上而下分五层铺设，并符合表 8－3 的规定。

表 8－3　慢滤池承托层的组成

粒径(mm)	厚度(mm)	粒径(mm)	厚度(mm)
1～2	50	8～16	100
2～4	100	16～32	100
4～8	100		

⑧ 滤池面积小于 $15m^2$ 时，可采用底沟集水，集水坡度为 1%；当滤池面积较大时，可设置穿孔集水管，管内流速宜采用 0.3～0.5m/s。

⑨ 有效水深以上应设溢流管；池底应设排空管。

⑩ 应分格，格数不宜少于 2 个。

⑪ 应采取防冻、防风砂和防晒措施。

2. 混凝剂投加及混合设计

说明混凝药剂的选择及用量、混合及投配方式、计量设备，加药间的尺寸、布置及其所需设备类型、台数与性能，具有卫生安全措施。

(1)凝聚剂和助凝剂品种的选择及其用量，应根据原水悬浮物含量及性质、pH 值、碱度、水温、色度等水质参数，原水凝聚沉淀试验或相似条件水厂的运行经验，并结合当地药剂供应情况和水厂管理条件，通过技术经济比较确定：

① 凝聚剂可选用聚合氯化铝、硫酸铝、三氯化铁、明矾等。

② 高浊度水可选用聚丙烯酰胺作助凝剂。

③ 低温低浊水可选用活化硅酸或聚丙烯酰胺作助凝剂。

④ 当原水碱度较低时，可采用石灰乳液作助凝剂。

(2)凝聚剂宜采用湿投。投加方式优缺点比较见表 8-4。

(3)混合方式基本分两大类：水力和机械。前者简单，但不能适应流量的变化；后者可进行调节，能适应各种流量的变化，但需有一定的机械维修量。集中不同混合方式的主要优缺点和适用条件见表 8-5。

表 8-4 投加方式优缺点比较

<table>
<tr><th>投加方式</th><th colspan="2">作用原理</th><th>优缺点</th><th>适用情况</th></tr>
<tr><td>重力投加</td><td colspan="2">建造高位药液池，利用重力作用将药液投入水内</td><td>优点：操作较简单、投加安全可靠。
缺点：必须建造高位药液池，增加加药间层高</td><td>1. 中、小型水厂；
2. 考虑到输液管线的沿程水头损失，输液管线不宜过长</td></tr>
<tr><td rowspan="2">压力投加</td><td>水射器</td><td>利用高压水在水射器喷嘴处形成的负压将药液吸入并射入压力水管</td><td>优点：设备简单，使用方便，不受药液池高程所限。
缺点：效率较低，如药液浓度不当，可能引起堵塞</td><td>各种规模水厂均可适用</td></tr>
<tr><td>加药泵</td><td>泵在药液池内直接吸取药液、加入压力水管内</td><td>优点：可以定量投加，不受压力管压力所限。
缺点：价格较贵，养护较麻烦</td><td>适用于各种规模水厂</td></tr>
</table>

(4)水源水质达到地表水Ⅲ类及以上时，通常凝聚剂选用聚合氯化铝、硫酸铝、明矾等，可利用加药机压入管式静态混合器混合。

(5)混合池的 G 值宜为 $500\sim1000s^{-1}$；药剂和原水应急剧、充分地混合，混合时间不应大于 30s；投加点到起始净水构筑物的距离不应超过 120m，混合后的原水在管内的停留时间不应超过 120s。

表 8-5　混合方式比较

方　式	优　缺　点	适用条件
管式静态混合器	优点：①设备简单，维护管理方便；②不需土建构筑物；③在设计流量范围内，混合效果较好；④不需外加动力设备。 缺点：①运行水量变化影响效果；②水头损失较大；③混合器构造较复杂	适用于水量变化不大的各种规模水厂
水泵混合	优点：①设备简单；②混合充分，效果较好；③不另消耗动能。 缺点：①吸水管较多时，投药设备要增加，安装、管理麻烦；②配合加药自动控制较难；③G 值相对较低	适用于一级泵房离处理构筑物 120m 以内的水厂
扩散混合器	优点：①不需要外加动力设备；②不需要土工建筑物；③不占地。 缺点：混合效果受水量变化有一定影响	适用于中等规模水厂
机械混合	优点：①混合效果较好；②水头损失较小；③混合效果基本不受水量变化影响。 缺点：①需耗动能；②管理维护较复杂；③需建混合池	适用于各种规模的水厂

3. 絮凝池设计

说明絮凝池选型及主要设计参数、尺寸、主要设备型式及主要性能参数、数量，采用新技术的工艺原理和特点。

(1)絮凝池的设计要点应包括以下几点：

① 絮凝池型式的选择和设计参数的采用，应根据原水水质情况和相似条件下的运行经验或通过实验来确定。

② 絮凝池的设计应使颗粒有充分接触碰撞的概率，又不致使已形成的较大颗粒破碎，因此在絮凝过程中速度梯度 G 或絮凝流速应逐渐由大到小。

③ 絮凝池要有足够的絮凝时间。根据絮凝型式的不同，絮凝时间也有

区别，一般宜在10～30min，低浊、低温水宜采用较大值。

④ 絮凝池的平均速度梯度G一般在30～60s^{-1}，GT值达10^4～10^5，以保证絮凝过程的充分与完善。

⑤ 絮凝池应尽量与沉淀池合建，避免用管渠连接。如确需用管渠连接时，管渠中的流速应小于0.15m/s，并避免流速突然升高或水头跌落。

⑥ 为避免已成形絮粒的破碎，絮凝池出水穿孔墙的过孔流速宜小于0.10m/s。

⑦ 应避免絮凝颗粒在絮凝池中沉淀。如难以避免时，应采取相应排泥措施。

(2)絮凝设备通常分为两大类：即水力和机械。几种不同型式絮凝池的适用条件见表8-6。

表8-6　不同型式的絮凝池比较

方　式	优 缺 点	适 用 条 件
穿孔旋流絮凝池	优点：①构造简单，施工方便；②造价低。 缺点：①絮凝效果一般；②水量变化影响絮凝效果	水量变化不大的小规模水厂
网格（栅条）絮凝池	优点：①絮凝时间较短；②絮凝效果较好；③构造简单。 缺点：水量变化影响絮凝效果	①水量变化不大的水厂； ②单池能力以1.0万～2.5万m^3/d为宜
折板絮凝池	优点：①絮凝时间较短；②絮凝效果较好。 缺点：①构造较复杂；②水量变化影响絮凝效果	水量变化不大的水厂
机械絮凝池	优点：①絮凝效果较好；②水头损失较小；③可适应水质、水量的变化。 缺点：需机械设备和经常维修	大小水量均适用，并适用水量变动较大的水厂。

(3)针对我省农村饮水安全工程供水规模的不同，从工程造价、后期管理运行等因素考虑，对于Ⅱ型及以下集中供水工程，可选用穿孔旋流絮凝池、网格（栅条）絮凝池等；对于Ⅰ型供水工程，可选用网格（栅条）絮凝池、折板絮凝池和机械絮凝池等。

(4)穿孔旋流絮凝池的设计应符合下列规定：

① 絮凝时间宜为15～25min。

② 絮凝池孔口应做成渐缩形式，孔口流速应按由大到小的渐变流速设计，起始流速宜为 0.6～1.0m/s，末端流速宜为 0.2～0.3m/s。

③ 每格孔口应作上、下对角交叉布置。

④ 每组絮凝池分格数不宜少于 6 格。

⑤ 每格内壁的拐角处应做成导角。

(5)栅条、网格絮凝池的设计应符合下列规定：

① 宜设计成多格竖流式。

② 絮凝时间宜为 12～20min，用于处理低温或低浊水时，絮凝时间可适当延长。

③ 絮凝池竖井流速、过栅（过网）和过孔流速应逐段递减，宜分三段，可采用下列流速：

竖井平均流速：前段和中段 0.14～0.12m/s，末段 0.14～0.10m/s。

过栅（过网）流速：前段 0.30～0.25m/s，中段 0.25～0.22m/s，末段不安放栅条（网格）。

竖井之间孔洞流速：前段 0.30～0.20m/s，中段 0.20～0.15m/s，末段 0.14～0.10m/s。

④ 絮凝池宜布置成两组或多组并联形式。

⑤ 絮凝池内应有排泥设施。

(6)隔板絮凝池的设计应符合下列规定：

① 絮凝时间宜为 20～30min。

② 廊道流速应按由大到小的渐变流速进行设计，起始流速宜为 0.5～0.6m/s，末端流速宜为 0.2～0.3m/s。

③ 隔板间净距宜大于 0.5m。

④ 隔板转弯处的过水断面面积，应为廊道过水断面面积的 1.2～1.5 倍。

(7)折板絮凝池的设计，应符合下列规定：

① 絮凝时间宜为 8～15min。

② 絮凝过程中的流速应逐段降低，分段数不宜少于三段，第一段流速可为 0.25～0.35m/s；第二段流速可为 0.15～0.25m/s；第三段流速可为0.10～0.15m/s。

③ 折板夹角可为90°～120°。

4. 沉淀池设计

说明沉淀池选型及主要设计参数、尺寸，主要设备型式及主要性能参数、数量，采用新技术的工艺原理和特点。

(1)选用沉淀池涉及的主要因素

① 水量规模：各类沉淀池根据技术上和经济上的分析常有其使用范围。比如平流式沉淀池单位水量的造价指标随着处理规模的增加而明显减小，所以更适用于规模较大的水厂。

② 进水水质条件：斜管沉淀池积泥区体积相对较小，当原水浊度很高时会增加排泥困难；此外，若原水水质变化迅速，斜管沉淀池的适应性也相对较差。

③ 高程布置：净水构筑物间一般均采用重力流。当沉淀池池身过浅时，将会增加后续处理构筑物的埋深，而不同池型对池深的要求也不相同，因而影响池型的选用。

④ 经常运行费用：运行费用主要涉及混凝剂消耗、厂自用水率以及设施的维护更新。

⑤ 占地面积：根据不同池型，沉淀池所占面积为生产构筑物总面积的25%～40%。平流沉淀池占地过大，当水厂面积受限时，影响其选用。

⑥ 地形、地质条件：不同型式沉淀池的池型均不相同，有的平面面积大而池深较浅；有的平面面积小而池深较深，应结合地形、地质条件选用。

⑦ 运行经验：为使工程达到合理效果，除了设计合理以外，运行管理也需考虑。故选型时应充分考虑当地的管理水平和实践运行经验。

(2)常见沉淀池的适用条件见，表8-7。

表8-7 沉淀池形式比较

形 式	优 缺 点	适用条件
平流沉淀池	优点：①造价较低；②操作管理方便，施工较简单；③对原水浊度适应性较强，潜力大，处理效果稳定；④带有机械排泥设备时，排泥效果好。 缺点：①占地面积较大；②不采用机械排泥设备时，排泥较困难；③需维护机械排泥设备	一般适用于大、中型水厂

（续表）

形 式	优 缺 点	适用条件
斜管(板)沉淀池	优点:①沉淀效率高;②池体小,占地少。 缺点:①斜管(板)耗用较多材料,老化后尚需更换,费用较高;②对原水浊度适应性较平流池差;③不设机械排泥装置时,排泥较困难;设机械排泥时,维护管理较平流池麻烦	①可用于各种规模水厂;②宜用于老沉淀池的改建、扩建和挖潜;③适用于需保温的低温地区;④单池处理水量不宜过大
竖流式沉淀池	优点:①排泥较方便;②一般与絮凝池合建,不需另建絮凝池;③占地面积较小。 缺点:①上升流速受颗粒沉降速度所限,出水量小,沉淀效果差;②施工较困难	一般用于小型水厂
辐流式沉淀池	优点:①沉淀效果好;②有机械排泥装置时,排泥效果好。 缺点:①基建投资及运行费用大;②刮泥机维护管理较复杂;③施工较平流式困难	一般用于大、中型水厂的高浊度水预沉

(3)从沉淀池占地面积、对原水适应能力等方面因素考虑,对于Ⅱ型及Ⅱ型以下的集中供水工程,当原水比较稳定时,可选用斜管(板)沉淀池;对于Ⅰ型供水工程,可优先选用平流式沉淀池。

(4)上向流斜管沉淀池的设计应符合下列规定:

① 斜管沉淀区液面负荷,应按相似条件下的运行经验确定,可采用5.0～9.0m³/(m²·h)。

② 斜管设计可采用下列数据:斜管管径为30～40mm,斜长为1.0m,倾角为60°。

③ 清水区保护高度不宜小于1.0m,底部配水区高度不宜小于1.5m。

(5)平流沉淀池的设计应符合下列规定:

① 沉淀时间,应根据原水水质、水温等,参照相似条件水厂的运行经验确定,宜为2.0～3.0h。

② 水平流速可采用10～20mm/s,水流应避免过多转折。

③ 有效水深,可采用2.5～3.5m,沉淀池每格宽度(或导流墙间距)宜为3～8m,长宽比不应小于4,长深比不应小于10。

④ 宜采用穿孔墙配水和溢流堰集水。穿孔墙距进水端池壁的距离不应小于1m，同时在沉泥面以上0.3～0.5m处至池底的墙不设孔眼；溢流堰的溢流率不宜大于300m^3/(m·d)。

(6)机械搅拌澄清池的设计应符合下列规定：

① 清水区的上升流速，应按相似条件下的运行经验确定，通常可采用0.7～1.0mm/s，处理低温低浊原水时可采用0.5～0.8mm/s。

② 水在池中的总停留时间可为1.2～1.5h，在第一絮凝室与第二絮凝室的停留时间宜控制在20～30min。

③ 搅拌叶轮提升流量可为进水流量的3～5倍，叶轮直径可为第二絮凝室内径的70%～80%，并应设调整叶轮转速和开启度的装置。

④ 机械搅拌澄清池是否设置刮泥装置，应根据池径大小、底坡大小、进水悬浮物含量及其颗粒组成等因素确定。

(7)水力循环澄清池的设计应符合下列规定：

① 泥渣回流量可为进水量的2～4倍，原水浊度高时取下限。

② 清水区的上升流速宜采用0.7～0.9mm/s，当原水为低温低浊时，上升流速应当适当降低；清水区高度宜为2～3m，超高宜为0.3m。

③ 第二絮凝室有效高度，宜采用3～4m。

④ 喷嘴直径与喉管直径之比可为1∶3～1∶4，喷嘴流速可为6～9m/s，喷嘴水头损失可为2～5m，喉管流速可为2.0～3.0m/s。

⑤ 第一絮凝室出口流速宜采用50～80mm/s；第二絮凝室进口流速宜采用40～50mm/s。

⑥ 水在池中的总停留时间可采用1.0～1.5h，第一絮凝室为15～30s，第二絮凝室为80～100s。

⑦ 斜壁与水平面的夹角不应小于45°。

⑧ 为适应原水水质变化，应有专用设施调节喷嘴与喉管进口的间距。

(8)气浮池宜用于浑浊度长期低于100NTU及含有藻类等密度小的悬浮物的原水；可采用加压溶气气浮、微孔布气气浮或叶轮碎气气浮等。

加压溶气气浮池的设计应符合下列规定：

① 接触室的上升流速可采用10～20mm/s，分离室的向下流速可1.5～2.5mm/s。

② 单格宽度不宜超过10m，池长不宜超过15m，有效水深可采用2.0～3.0m。

③ 溶气罐的压力及回流比，应根据原水气浮试验情况或参照相似条件下的运行经验确定，溶气压力可为0.2～0.4MPa；回流比可为5%～10%。溶气释放器的型号及个数应根据单个释放器在选定压力下的出流量及作用范围确定。

④ 压力溶气罐的总高度可为3.0m，罐内的填料高度宜为1.0～1.5m，罐的截面水力负荷可为100～150$m^3/(m^2 \cdot h)$。

⑤ 气浮池应有刮、排渣设施；刮渣机的行车速度不宜大于5m/min。

5. 过滤池设计

说明过滤池选型及主要设计参数、尺寸，主要设备型式及主要性能参数、数量。

(1)常用滤池形式及适用条件见表8-8。

(2)目前我省农村饮水安全工程中过滤池选择多为普通快滤池，部分集中供水工程选用虹吸滤池、双阀滤池或无阀滤池。

(3)滤池设计应符合下列基本要求：

① 滤池出水水质，经消毒后，应符合《生活饮用水卫生标准》(GB 5749)的要求。

表8-8 各种滤池优缺点和适用条件

形式	滤池特点	优缺点	适用条件
普通快滤池	下向流、砂滤料的四阀式滤池	优点：①有成熟的运转经验，运行稳妥、可靠；②采用砂滤料，材料便宜、易得；③采用大阻力配水系统，单池面积可做得较大，池深较浅；④可采用降速过滤，水质较好。 缺点：①阀门多；②必须设有全套冲洗设备	①可适用于大、中、小型水厂；②单池面积一般不宜大于100m^2；③有条件时尽量采用表面冲洗或空气助洗设备
双阀滤池	下向流、砂滤料的双阀滤池	优点：①同普通快滤池的1、2、3、4；②减少2只阀门，相应地降低了造价和检修工作量。 缺点：①必须设有全套冲洗设备；②增加形成虹吸的抽气设备	与普通快滤池相同

（续表）

形式	滤池特点	优缺点	适用条件
无阀滤池	下向流、砂滤料，低水头带水箱反洗的无阀滤池	优点：①不需设置阀门；②自动冲洗，管理方便；③可成套定型制作。 缺点：①运行过程中看不到滤层情况；②清砂不便；③单池面积较小；④冲洗效果差，浪费部分水量；⑤变水位等速过滤，水质不如降速过滤	①适用于小型水厂；②单池面积一般不大于 $25m^2$
虹吸滤池	下向流、砂滤料、低水头互洗式无阀滤池	优点：①不需大型阀门；②不需冲洗水泵或冲洗水箱；③易于自动化操作。 缺点：①土建结构复杂；②池深大，单池面积不能过大，反洗时浪费部分水量，冲洗效果不易控制；③变水位等速过滤，水质不如降速过滤	①适用于中型水厂；②单池面积不宜过大；③每组滤池数不少于6池
V型滤池	下向流、均匀砾沙滤料，带表面扫洗的气水反冲洗滤池	优点：①同普通快滤池①、②点；②滤床含污量大、周期长、滤速高、水质好；③具有气水反冲洗和水表面扫洗，冲洗效果好。 缺点：①配套设备多，如鼓风机；②土建较复杂，池身比普通快滤池深	①适用于大、中型水厂；②单池面积可达 $150m^2$ 以上

注意：表中滤池均要求滤前水浊度小于10NTU。

② 滤池型式的选择，应根据设计生产能力、进水水质和工艺流程中的高程要求等因素，结合当地条件，通过技术经济比较确定。

③ 滤池格数或个数及其面积，应根据生产规模、运行维护等条件通过技术经济比较确定，但格数或个数不应少于两个。

④ 滤池可采用石英砂、无烟煤等，其性能应符合相关的净水滤料标准。

⑤ 滤速及滤料的组成，应符合表8-9的规定，滤池应按正常情况下的滤速设计，并以检修情况下的强制滤速校核。

表 8－9　滤池的滤速及滤料组成表

类别	滤料组成				正常滤速(m/h)	强制滤速(m/h)
	粒径(mm)		不均匀系数 K_{80}	厚度(mm)		
石英砂滤料过滤	$d_{min}=0.5$，$d_{max}=1.2$		＜2.0	700	6～7	7～10
双层滤料	无烟煤	$d_{min}=0.8$，$d_{max}=1.8$	＜2.0	300～400	7～10	10～14
	石英砂	$d_{min}=0.5$，$d_{max}=1.2$	＜2.0	400		

⑥ 滤池工作周期，宜采用 12～24h。

⑦ 普通快滤池宜采用大阻力或中阻力配水系统，大阻力配水系统孔眼总面积与滤池面积之比为 0.20%～0.28%，中阻力配水系统孔眼总面积与滤池面积之比为 0.6%～0.8%。虹吸滤池、无阀滤池宜采用小阻力配水系统，其孔眼总面积与滤池面积之比为 1.0%～1.5%。

⑧ 水洗滤池的冲洗强度和冲洗时间，宜按表 8－10 的规定设计。

⑨ 每个滤池应设取样装置。

表 8－10　水洗滤池的冲洗强度及冲洗时间(水温为 20℃时)

类别	冲洗强度[L/(s·m²)]	膨胀率	冲洗时间(min)
石英砂滤料过滤	15	45%	7～5
双层滤料过滤	16	50%	8～6

(4)接触滤池的设计应符合下列规定：

① 适用于浑浊度长期低于 20NTU，短期不超过 60NTU 的原水，滤速宜采用 6～7m/h。

② 接触滤池宜采用双层滤料，并应符合下列要求：

石英砂滤料粒径 $d_{min}=0.5$mm，$d_{max}=1.0$mm，$K_{80}\leqslant 1.8$；滤料厚度 400～600mm；

无烟煤滤料粒径 $d_{min}=1.2mm$，$d_{max}=1.8mm$，$K_{80}\leqslant 1.5$；滤料厚度400～600mm。

③ 滤池冲洗前的水头损失，宜采用2.0～2.5m，滤层表面以上的水深可为2m。

④ 滤池冲洗强度宜为15～18L/(s·m^2)，冲洗时间宜为6～9min，滤池膨胀率宜为40%～50%。

(5)普通快滤池的设计应符合下列规定：

① 冲洗前的水头损失可采用2.0～2.5m，每个滤池应设水头损失量测计。

② 滤层表面以上的水深宜为1.5～2.0m，池顶超高宜采用0.3m。

③ 采用大阻力配水系统时，承托层的粒径和厚度见表8-11。

④ 大阻力配水系统应按冲洗流量设计，干管始端流速宜为1.0～1.5m/s，支管始端流速宜为1.5～2.0m/s，孔眼流速宜为5～6m/s；干管上应设通气管。

表8-11　普通快滤池大阻力配水系统承托层的粒径和厚度

层次(自上而下)	粒径(mm)	承托层厚度(mm)
1	2～4	100
2	4～8	100
3	8～16	100
4	16～32	本层顶面高度应高出配水系统孔眼100

⑤ 洗砂槽的平面面积不应大于滤池面积的25%，洗砂槽底到滤料表面的距离应等于滤层冲洗时的膨胀高度。

⑥ 滤池冲洗水的供给方式可采用冲洗水泵或高位水箱，水泵的能力或水箱有效容积应按单格滤池冲洗水量选用。

⑦ 普通快滤池应设进水管、出水管、冲洗水管和排水管，每种管道上应设控制阀，进水管流速宜为0.8～1.2m/s，出水管流速宜为1.0～1.5m/s，冲洗水管流速宜为2.0～2.5m/s，排水管流速宜为1.0～1.5m/s。

(6)重力式无阀滤池的设计应符合下列规定：

① 每座滤池应设单独的进水系统，并有防止空气进入滤池的措施。

② 冲洗前的水头损失可采用 1.5m。

③ 滤料表面以上的直壁高度，应等于冲洗时滤料的最大膨胀高度加上保护高度。

④ 冲洗水箱应位于滤池顶部，当冲洗水头不高时，可采用小阻力配水系统。

⑤ 承托层的材料及组成与配水方式有关，各种组成形式可按表 8 - 12 选用。

表 8 - 12　重力式无阀滤池承托层的材料及组成

配水方式	承托层材料	粒径(mm)	厚度(mm)
滤板	粗砂	1～2	100
格栅	砂卵石	1～2 2～4 4～8 8～16	80 70 70 80
尼龙网	砂卵石	1～2 2～4 4～8	每层 50～100
滤头	粗砂	1～2	100

⑥ 无阀滤池应设辅助虹吸措施，并设有调节冲洗强度和强制冲洗的装置。

(7)虹吸滤池的设计应符合下列规定：

① 虹吸滤池的分格数，应按滤池在低负荷运行时仍能满足一格滤池冲洗水量的要求确定。

② 冲洗前的水头损失可采用 1.5m。

③ 冲洗水头应通过计算确定，宜采用 1.0～1.2m，并应有调整冲洗水头的措施。

④ 进水虹吸管流速宜采用 0.6～1.0m/s；排水虹吸管流速宜采用1.4～1.6m/s。

(8)V 形滤池的设计应符合下列规定：

① V 形滤池冲洗前水头损失可采用 2.0m。

② 滤层表面以上水深不应小于 1.2m。

③ V 形滤池宜采用长柄滤头配气、配水系统。

④ V 形滤池冲洗水的供应,宜用水泵。水泵的能力应按单格滤池冲洗水量设计,并设置备用机组。

⑤ V 形滤池冲洗气源的供应,宜用鼓风机,并设置备用机组。

⑥ V 形滤池两侧进水槽的槽底配水孔口至中央排水槽边缘的水平距离宜为 3.5m 以内,最大不超过 5m。表面扫洗配水孔的预埋管纵向轴线应保持水平。

⑦ V 形滤池进水槽断面应按非均匀流满足配水均匀性要求计算确定,其斜面与滤壁的侧面宜采用 45°～50°。

⑧ V 形滤池的进水系统应设置进水总渠,每格滤池进水应设可调整高度的堰板。

⑨ 反冲洗空气总管的管底应高于滤池的最高水位。

⑩ V 形滤池长柄滤头配气配水系统的设计,应采取有效措施,控制同格滤池所有滤头滤帽或滤柄顶表面在同一水平高程,其误差不得大于±5mm。

(9)压力滤池的设计应符合下列规定:

① 压力滤池滤料应采用石英砂,粒径宜为 0.6～1.0mm,滤层厚度可为 1.0～1.2m。压力滤池滤速宜为 6～8m/h。

② 压力滤池期终允许水头损失宜为 5～6m。

③ 压力滤池可采用立式;当直径大于 3m 时,宜采用卧式。

④ 压力滤池冲洗强度宜为 15L/(m^2 · s),冲洗时间宜为 10min。

⑤ 压力滤池应采用小阻力配水系统,可采用管式、滤头或格栅。

⑥ 压力滤池应设排气阀、人孔、排水阀和压力表。

6. 深度处理设计

说明深度处理工艺方案选择及主要设计参数、尺寸,主要设备型式及主要性能参数、数量。

(1)作为生活饮用的微污染水源,经过常规净化后,水中的有机、无机污染物含量仍超过设计水质标准的规定时,可采用颗粒活性炭吸附工艺或臭氧-生物活性炭吸附工艺进行深度净化。

(2)颗粒活性炭吸附工艺,应根据原水水质、净化后的水质要求、必须去除的污染物种类及含量，经活性炭吸附试验或参照水质相似水厂的运行经验，通过技术经济比较后确定。

(3)颗粒活性炭吸附池设计参数有以下几种：

① 颗粒活性炭应符合国家现行的净水用颗粒活性炭标准。

② 进出水浊度均应小于 1NTU。

③ 过流方式，应根据进水水质、构筑物的衔接方式、工程地质和地形条件、重力排水要求等，通过技术经济比较后确定，可采用降流式或升流式。

④ 水与颗粒活性炭层的接触时间应根据现场试验或水质相似水厂的运行经验确定，并不小于 7.5min。

⑤ 滤速可为 6～8m/h，炭层厚度可为 1.0～1.2m；当有条件加大炭层厚度时，滤速和炭层厚度可根据接触时间要求作适当的相应提高。

⑥ 冲洗周期应根据进、出水水质和水头损失确定，炭层最终水头损失可为 0.4～0.6m；冲洗强度可为 13～15[$L/(s \cdot m^2)$]，冲洗时间可为 8～12min，膨胀率可为 20%～25%；冲洗水可采用炭吸附池出水或滤池出水。

⑦ 宜采用小阻力配水系统，配水孔眼面积与活性炭吸附池面积之比可采用 1.0%～1.5%；承托层可采用大一小一大的分层级配形式，粒径级配排列依次为：8～16mm、4～8mm、2～4mm、4～8mm、8～16mm，每层厚度均为 50mm。

⑧ 与活性炭接触的池壁和管道，应采取防电化学腐蚀措施。

7. 特殊水质处理设计

说明特殊水质处理工艺方案选择及主要设计参数、尺寸，主要设备型式及主要性能参数、数量。除铁、锰滤池设计分重力式和压力式（压力式除铁、锰滤池还宜符合压力滤池设计的规定）两种，结合本地水源水水质情况，根据《村镇供水工程设计规范》(SL 687)及相关规范进行具体设计。

(1)地下水除铁、锰工艺流程的选择，应符合下列要求：

① 地下水除铁，当水中的二价铁易被空气氧化时，宜采用曝气氧化法；当受硅酸盐影响或水中的二价铁空气氧化较慢时，宜采用接触氧化法。

② 地下水铁、锰含量均超标时，应根据以下条件确定除铁、锰工艺：

当原水含铁量低于 2.0～5.0mg/L（北方采用 2.0mg/L、南方采用 5.0mg/L）、含锰量低于 1.5mg/L 时，可采用原水曝气→单级过滤除铁除锰工艺。

当原水含铁量或含锰量超过上述数值且二价铁易被空气氧化时，可采用原水曝气→一级过滤除铁→二级过滤除锰工艺。

当除铁受硅酸盐影响或二价铁空气氧化较慢时，可采用：原水氧化→一级过滤除铁→曝气→二级过滤除锰工艺。

(2)曝气装置应根据原水水质、曝气程度要求，通过技术经济比较选定，可采用跌水、淋水、射流曝气、压缩空气、叶轮式表面曝气、板条式曝气塔或接触式曝气塔等装置，并应符合下列要求：

① 采用跌水装置时，可采用1～3级跌水，每级跌水高度为0.5～1.0m，单宽流量为20～50m^3/(h·m)。

② 采用淋水装置(穿孔管或莲蓬头)时，孔眼直径可为4～8mm，孔眼流速为1.5～2.5m/s，距水面安装高度为1.5～2.5m。采用莲蓬头的服务面积为1.0～1.5m^2。

③ 采用射流曝气装置时，其构造应根据工作水的压力、需气量和出口压力等通过计算确定，工作水可采用全部、部分原水或其他压力水。

④ 采用压缩空气曝气时，每立方米水的需气量(以L计)宜为原水中二价铁含量(以mg/L计)的2～5倍。

⑤ 采用板条式曝气塔时，板条层数可为4～6层，层间净距为400～600mm。

⑥ 采用接触式曝气塔时，填料可采用粒径为30～50mm的焦炭块或矿渣，填料层层数可为1～3层，每层填料厚度为300～400mm，层间净距不小于600mm。

⑦ 淋水装置、板条式曝气塔和接触式曝气塔的淋水密度，可采用5～10m^3/(h·m^2)。淋水装置接触水池容积，可按30～40min，处理水量计算；接触式曝气塔底部集水池容积，可按15～20min处理水量计算。

⑧ 采用叶轮式表面曝气装置时，曝气池容积可按20～40min处理水量计算；叶轮直径与池长边或直径之比可为1∶6～1∶8，叶轮外缘线速度可为4～6m/s。

⑨ 当曝气装置设在室内时，应考虑通风设施。

(3)除铁、锰滤池应符合下列规定：

① 滤料宜采用天然锰砂或石英砂等；锰砂粒径宜为d_{min}=0.6mm，d_{max}=1.2～2.0mm，石英砂粒径宜为d_{min}=0.5mm，d_{max}=1.2mm；滤料厚度宜

为 800～1200mm，滤速宜为 5～7m/h。

② 滤池宜采用大阻力配水系统，当采用锰砂滤料时，承托层的顶面两层应改为锰矿石。

③ 滤池的冲洗强度、膨胀率和冲洗时间可按表 8－13 确定。

表 8－13　除铁除锰滤池的冲洗强度、膨胀率和冲洗时间

滤料种类	滤料粒径(mm)	冲洗方式	冲洗强度[L/(s·m²)]	膨胀率(%)	冲洗时间(min)
石英砂	0.5～1.2	无辅助冲洗	13～15	30～40	>7
锰砂	0.6～1.2	无辅助冲洗	18	30	10～15
锰砂	0.6～1.5	无辅助冲洗	20	25	10～15
锰砂	0.6～2.0	无辅助冲洗	22	22	10～15
锰砂	0.6～2.0	有辅助冲洗	19～20	15～20	10～15

④ 关于滤料问题。20 世纪 60 年代发展起来的天然锰砂除铁技术，由于其明显的优点而迅速在全国推广使用。近年来，除铁技术又有了新的发展。接触氧化除铁理论认为，在滤料成熟之后，无论何种滤料均能有效除铁，起着铁质活性滤膜载体的作用。因此，除铁、锰滤池滤料可选择天然锰砂，也可选择石英砂及其他适宜的滤料。“全国地下水除铁课题组”调查及试验研究结果表明，石英砂滤料更适用于原水含铁量低于 15mg/L 的情况，当原水含铁量大于 15mg/L 时，宜采用无烟煤-石英砂双层滤料。

⑤ 关于滤层厚度问题。重力式滤池一般采用 800～1000mm，规模较小的压力式除铁锰设备一般采用 1000～1200mm；同时，除铁、锰的单级过滤池一般取较高值，以加强处理效果。

(4)高氟地下水可采用混凝沉淀法、吸附法、反渗透法等工艺处理。我省淮北地区属华北平原，存在较多的地下水氟超标现象，氟化物含量一般在 1.0～3.0mg/L，常采用吸附法除氟工艺；目前采用较多的吸附滤料是活性氧化铝、活化沸石、羟基磷灰石、复合式多介质等。

(5)混凝沉淀法除氟设计应符合下列要求：

① 应进行原水试验，根据试验选择对氟化物高效的混凝剂、确定混凝剂投加量和需要的沉淀时间等工艺参数。

② 混凝剂可采用氯化铝、硫酸铝或聚合氯化铝等铝盐，混凝剂及其投加量的选择，应不造成处理后水中铝指标的超标。

③ 间歇运行的小水厂可采用静止沉淀澄清的方式，其他可采用沉淀、过滤的方式。

(6)吸附法除氟设计应符合下列要求：

① 吸附滤料应耐磨并有卫生检验合格证明，不应选择可能对原水造成其他指标超标的吸附滤料。

② 应进行原水试验，根据试验选择可高效吸附氟化物且对氟化物具有较好选择性的吸附滤料，根据试验确定吸附滤料的吸附性能及原水水质对吸附能力的影响因子。吸附性能试验宜连续进行不少于 3 个“吸附—饱和—再生”周期，根据性能稳定后的试验结果确定吸附滤料的有效吸附能力、空床接触时间和再生周期。

③ 应配套吸附滤料再生设施。再生剂及再生工艺应根据吸附滤料特性确定，再生周期应根据吸附性能试验结果和管理要求确定。

④ 吸附滤池的滤速和吸附滤料的填充高度应根据供水规模、滤料的有效吸附能力、需要的空床接触时间和再生周期要求等确定。

⑤ 当原水中某些指标对吸附能力影响较大且去除成本较低时，应增加预处理措施。当原水 pH＞8.0，可在原水进入滤池前加酸，以提高吸附滤料的吸附能力。加酸量应使吸附滤池出水的 pH＞6.5。

⑥ 吸附滤池的进、出水浊度应小于 1NTU，必要时应在吸附滤池的前后增加过滤池。

⑦ 吸附滤池应有防止吸附滤料板结的松动措施。

8. 消毒设计及投加方式

说明消毒剂的选择及其用量、投配点、投配和计量设备类型、台数与性能，以及消毒间的布置和安全措施。

(1)生活饮用水必须消毒。消毒工艺可根据原水水质和处理要求，采用滤前及滤后二次消毒，也可仅采用滤前(包括沉淀前)或滤后消毒。

(2)常用的消毒方法有液氯、二氧化氯、次氯酸钠、臭氧等。常见的消毒方法及优缺点见表 8－14。宜优先选择氯或二氧化氯消毒。水质较好、pH≤8.0 时，可选择氯消毒；原水 pH＞8.0 时，可采用二氧化氯消毒；水质较差、需要氧化处理时，可采用复合型二氧化氯消毒。V型以下规模较小的单村供水厂，也可选择臭氧或紫外线消毒。水质略差时，可选择臭氧消毒；水质良好、供水规模较小时，可选择紫外线消毒。

表8-14 常用消毒方法

方法	分子式	优缺点	适用条件
液氯	Cl_2	优点：①具有余氯的持续消毒作用；②价值成本低；③操作简单，投量准确；④不需要庞大的设备。 缺点：①原水有机物高时会产生有机氯化物；②原水含酚时产生氯酚味；③氯气有毒，使用时应注意安全	适用于液氯供应方便的大、中、小型水厂
二氧化氯	ClO_2	优点：①不会生成有机氯化物；②较自由氯的杀菌效果好；③具有强烈的氧化作用，可除臭、去色、去氧化铁(锰)等物质；④投加量少，接触时间短，余氯保持时间长。 缺点：①成本较高；②一般需现场随时制取使用；③制取设备较复杂；④需控制氯酸盐和亚氯酸盐等副产物	多用于中、小型水厂。严禁制备原材料相互接触
次氯酸钠	NaOCl	优点：①具有余氯的持续消毒作用；②操作简单，比投加液氯安全、方便；③使用成本虽然较液氯高，但比漂白粉低。 缺点：①不能贮存，必须现场制取适用；②目前设备较小，产气量少，适用受限制；③必须耗用一定的电能及食盐	适用于小型水厂或管网中途加氯
臭氧消毒	O_3	优点：①具有强氧化能力，为最活泼的氧化剂之一，对微生物、病毒、芽孢等均具有杀伤力，消毒效果好，接触时间短；②能除臭、去色，以及去除铁、锰等物质；③能除酚，无氯酚味；④不会生成有机氯化物。 缺点：①基建投资大，经常电耗高；②O_3在水中不稳定，易挥发、无持续消毒作用；③设备复杂，管理麻烦；④制水成本高	适用于有机污染严重、供电方便、管网较短的水厂。 可结合氧化用作预处理或与活性炭联用

(3)采用氯消毒时,出厂水游离性余氯应不低于0.3mg/L,管网末梢水游离性余氯应不低于0.05mg/L。采用二氧化氯消毒时,出厂水二氧化氯余量应不低于0.1mg/L,管网末梢水二氧化氯余量应不低于0.02mg/L、亚氯酸盐含量应不大于0.8mg/L。采用臭氧消毒时,水厂内无调节构筑物时,出厂水臭氧余量为0.3～0.4mg/L;水厂内有调节构筑物时,出厂水臭氧余量不大于0.3mg/L,管网水臭氧余量大于0.02mg/L。

(4)在我省农村饮水安全工程中,应用较多的消毒方法为二氧化氯、液氯、臭氧。

(5)水厂的消毒剂设计投加量,应根据原水水质、管网长度和相似条件下的运行经验或通过试验按最大用量确定,应能灭活出厂水中病原微生物、满足出厂水和管网末梢水的消毒剂余量要求,并控制消毒副产物不超标。

(6)消毒剂投加点设计应符合下列要求:

① 出厂水的消毒,应在滤后投加消毒剂,投加点应设在调节构筑物的进水管上。

② 当原水中铁锰、有机物或藻类较高,需要采用消毒剂氧化处理时,可在滤前和滤后分别投加消毒剂,但应防止副产物超标。

③ 当供水管网较长、水厂消毒难以满足管网末梢水的消毒剂余量要求时,可在管网中的加压泵站、调节构筑物等部位补加消毒剂。

(7)消毒剂与水应充分混合,并满足接触时间要求。

(8)规模较大工程,应考虑设备备用。

(9)氯、二氧化氯和臭氧消毒,宜单独设置消毒间。

(10)氯、二氧化氯消毒,应设原料间。

8.4.2　调节构筑物设计

(1)按照《村镇供水工程设计规范》(SL 687)第8章的要求进行设计,重点说明调节构筑物的容积、位置、结构形式、尺寸及运行方式。

(2)单独设立的清水池或高位水池的有效容积,在满足消毒接触时间的要求下,Ⅰ～Ⅲ型工程可为最高日用水量的20%,Ⅳ型工程可为30%,Ⅴ型工程可为40%。同时设置清水池和高位水池时,应根据各池的调节作用合理分配有效容积，清水池应比高位水池小，可按最高日用水量的5%～10%设计。

(3)调节构筑物的有效容积，系指调节构筑物的最高设计水位与最低设计水位之间的容积，清水池的有效容积根据产水曲线、供水曲线、水厂自用水量和消防储备水量等确定；高位水池的有效容积，根据供水曲线、用水曲线和消防储备水量等确定。调节容积大于消防用水量时，可不考虑消防储备水量。

(4)Ⅰ～Ⅳ型供水工程的清水池、高位水池的个数或分格数，应不少于2个，并能单独工作和分别泄空；有特殊措施能保证供水要求时，亦可修建1个。

(5)调节构筑物应有水位指示装置和水位自动控制装置；清水池和高位水池应加盖，周围及顶部应覆土。

(6)调节构筑物进水管、溢流管、出水管、排空管、通气孔、检修孔的设置，应符合下列要求：

① 进水管的内径应根据最高日工作时用水量来确定。

② 出水管内径应根据最高日最高时用水量来确定；出水管管口位置应满足《村镇供水工程设计规范》(SL 687)6.2.9条最小淹没深度和悬空高度的要求。

③ 溢流管的内径应不小于进水管的内径；溢流管管口应与最高设计水位持平。

④ 排空管内径应按2h排空计算确定，且不小于100mm。

⑤ 进水管、出水管、排空管均应设阀门，溢流管不应设阀门。

⑥ 通气孔应设在水池顶部，直径不宜小于150mm，出口宜高出覆土0.7～1.2m，并高低交叉布置，高孔和低孔的高差不低于0.5m。

⑦ 检修孔直径不宜小于700mm。

⑧ 通气孔、溢流管和检修孔应有防止杂物和动物进入池内的措施；溢流管、排空管应有合理的排水出路。

(7)调节构筑物在地下水位线以下部分应防水，并进行抗浮验算。

8.4.3 泵站设计

泵站分取水泵站、供水泵站、加压泵站、排水泵站等类型。

(1)根据工程需要，确定泵站的结构形式、尺寸、布置及其机电设备的选型，包括水泵流量、扬程及型号、台数，电机、变频设备等选择等，并附水泵特性曲线图。

(2)泵站设计应执行《泵站设计规范》(GB/T 50265)的规定。宜进行停泵水锤计算，当停泵水锤压力值超过管道试验压力值时，必须采取消除水锤措施。泵站设计应充分考虑节能；取水泵站和加压泵站离水厂较远时可采用远程自动控制；加压泵站宜设置前池或采用无负压供水装置。泵站在地下水位线以下部分应防水，并进行抗浮验算。

(3)泵房设计应便于机组和配电装置的布置、运行操作、搬运、安装、维修和更换以及进出水管的布置，并应满足下列规定：

① 泵房内的主要人行通道宽度不应小于1.2m；相邻机组之间、机组与墙壁间的净距不应小于0.8m，并满足泵轴和电动机转子在检修时能拆卸；高压配电盘前的通道宽度不应小于2.0m；低压配电盘前的通道宽度不应小于1.5m。

② 供水泵房内，应设排水沟、集水井，必要时尚应设置排水泵。水泵等设备的散水不应回流至进水池(或井)内。地下式或半地下式泵站应设排水设施。

③ 泵房至少应设一个可以通过最大设备的门。

④ 长轴井泵和多级潜水电泵泵房，宜在井口上方屋顶处设吊装孔。

⑤ 起重设备应满足最重设备的吊装要求。

⑥ 泵房设计应根据具体情况采取相应的采光、通风和防噪声措施。

⑦ 寒冷地区的泵房，应有保温与采暖措施。

⑧ 泵房地表层，应高出室外地坪0.3m。

⑨ 泵房高度，应满足最大物体的吊装要求。

(4)水泵机组的选择应根据泵站的功能、流量和扬程，进水含砂量、水位变化，以及出水管路的流量～扬程特性曲线等来确定，并应符合下列要求：

① 水泵性能和水泵组合，应满足泵站在所有正常运行工况下对流量和扬程的要求，平均扬程时水泵机组在高效区运行，最高和最低扬程时水泵机组能安全、稳定运行。

② 水泵选型首先要满足最高时供水工况的流量和扬程要求；在平均流

量时，水泵应在高效区运行；在最高与最低流量时，水泵应能安全、稳定运行。

③ 对加压输水管道，事故停泵后的水泵反转速不应大于其额定转速的1.2倍，超过额定转速的持续时间不应超过2min。

④ 多种泵型可供选择时，应进行技术经济比较，选择效率高、高效区范围宽、机组尺寸小、日常管理和维护方便的水泵。

⑤ 近远期设计流量相差较大时，应按近远期流量分别选泵，且便于更换；泵房设计应满足远期机组的布置要求。

⑥ 同一泵房内并联运行的水泵，设计扬程应接近。

⑦ Ⅰ～Ⅲ型供水工程的取水泵站和供水泵站，应采用多泵工作。工作时流量变化较小的泵站，宜采用相同型号的水泵；工作时流量变化较大的泵站，宜采用大小泵搭配，但型号不宜超过3种。

⑧ Ⅰ～Ⅲ型供水工程的取水泵站和供水泵站应设备用泵，备用泵型号至少有1台与工作泵中的大泵一致。Ⅳ～Ⅴ型供水工程的取水泵站和供水泵站，有条件时宜设1台备用泵。

⑨ 电动机选型，应与水泵性能相匹配；采用多种型号的电动机时，其电压应一致。

(5)在进水池最低运行水位时，卧式离心泵的安装高程应满足其允许吸上真空高度的要求；在含泥沙的水源中取水时，应对水泵的允许吸上真空高度进行修正。卧式离心泵的安装高程，除应满足水泵允许吸上真空高度要求外，尚应综合考虑水泵充水系统的设置和泵房外进出水管路的布置。

(6)潜水电泵顶面在最低设计水位下的淹没深度，管井中不应小于3m，大口井、辐射井中不小于1m，进水池中不小于0.5m；潜水电泵底面距水底的距离，应根据水底的沉淀(或淤积)情况确定。

(7)卧式离心泵宜采用自灌式充水；进水池最低运行水位低于卧式离心泵叶轮顶时，泵房内应设充水系统，并按单泵充水时间不超过5min设计。

(8)向高地输水的泵站应根据具体情况采取下列水锤防护措施：

① 应在泵站内的出水管上设两阶段关闭的液控碟阀、多功能水泵控制阀、缓闭止回阀或其他水锤消除装置。

② 应在泵站外出水管的凸起点设置空气阀；出水管中长距离无凸起点

的管段,应每隔一定距离设置空气阀。

③ 通过技术经济比较,可适当降低管道设计流速。

(9)水泵进出水管设计:

① 进水管的流速宜为1.0～1.2m/s;水泵出水管并联前的流速宜1.5～2.0m/s。

② 进水管不宜过长,水平段应有向水泵方向上升的坡度;进水池最高设计水位高于水泵进口最低点时,应在进水管上设检修阀。

③ 每个水泵出水管路上应设置渐放管、伸缩节、压力表、工作闸阀(或碟阀)、防止水倒流的单向阀和检修闸阀,泵站出水总管上应设流量计。

(10)供电有保障、地势平缓的Ⅴ型单村供水泵站,可采用气压水罐供水,并按《村镇供水工程设计规范》(SL 687)6.2.4条规定设计;其余供水泵站,不宜采用气压水罐供水。

(11)结合村镇供水工程泵站的特点,提出取水泵站、供水泵站、加压泵站、排水泵站的主要设计参数,合理确定设计流量、特征水位和特征扬程。

8.4.4 排泥水处理设计

1. 排泥水包括沉淀池(澄清池)排泥水、气浮池浮渣、滤池反冲洗废水、特殊水处理反冲洗废水和吸附滤料再生废液等。

2. 排泥水的处理、排放或回收措施,排放水体对环境的影响,污泥处置方法。

3. 净水厂排泥水排入河道、沟渠等天然水体的水质应符合现行国家标准《污水综合排放标准》(GB 8978)。

4. 净水厂排泥水处理系统的规模应按满足全年75%～95%日数的完全处理要求确定。

5. 净水厂排泥水处理系统设计处理的干泥量可按式(8-2)计算:

$$S=(K_1C_0+K_2D)\times Q\times 10^{-6} \quad (8-2)$$

式中 C_0——原水浊度设计取值(NTU);

K_1——原水浊度单位NTU与悬浮物SS单位mg/L的换算系数,应经过实测确定;

D——药剂投加量(mg/L);

K_2——药剂转化成泥量的系数；

Q——原水流量(m^3/d)；

S——干泥量(t/d)。

6. 排泥水处理系统产生的废水，经技术经济比较可考虑回用或部分回用，但应符合下列要求：

(1)不影响净水厂出水水质；

(2)回流水量尽可能均匀；

(3)回流到混合设备前，与原水及药剂充分混合。

若排泥水处理系统产生的废水不符合回用要求，经技术经济比较，也可经处理后回用。

7. 排泥水处理各类构筑物的个数或分格数不宜少于2个，按同时工作设计，并能单独运行，分别泄空。

8. 排泥水处理系统的平面位置宜靠近沉淀池，并尽可能位于净水厂地势较低处。

9. 当净水厂面积受限制而排泥水处理构筑物需在厂外择地建造时，应尽可能将排泥池和排水池建在水厂内。

8.4.5 附属构筑物设计

1. 辅助生产建(构)筑物及附属建筑物的建筑面积及其使用功能。

2. 附属建筑物设计可参考《城市给水厂附属建筑和附属设备设计标准》(CJ 41)执行。

8.4.6 水厂管线、绿化及道路设计

厂内给水、排水管布置及雨水排除措施，道路标准、绿化设计。

1. 自用水管线应自成体系，应避免或减少管道交叉。

2. 应根据需要设置通向各构(建)筑物的道路。单车道宽度宜为3.5m，并应有回车道，转弯半径不宜小于6m，在山丘区纵坡不宜大于8%；人行道宽度宜为1.0～1.5m。

3. 新建水厂的绿化占地面积不宜小于水厂总面积的20%。

4. 应有雨水排除措施，厂区地坪宜高于厂外地坪和内涝水位。厂区雨

水管道设计的降雨重现期宜选用1～3年。

5. 构筑物的排水、排泥可合为一个系统,生活污水管道应另成体系;排水系统宜按重力流设计,必要时可设排水泵站;废污水排放口应设在水厂取水口下游,并应符合卫生防护要求。

8.5 配水工程及入户工程设计

管网布置与定线,供水方式、控制点、经济流速的确定、管材选择。管网水力计算成果,最大工作压力、最小服务水头,配水干、支管的直径、长度,管道敷设及附属构筑物,包括管道埋深、管道压力、阀门、排气阀、泄水阀、管道结构设计及穿越障碍物设计、附属构筑物、特殊地质条件、消防设计、排水设计等内容。

1. 管网应合理分布于整个用水区,线路尽量短,并符合村镇有关建设规划。

2. 地形高差较大时,应根据供水水压要求和分压供水的需要在适宜的位置设加压泵站或减压设施。设置减压设施时,输送浑水宜采用跌水井或减压池,输送清水时亦可采用既减动压又减静压的减压阀。

供水管网每10km^{2}应设置一个测压点;不足10km^{2}的应最少设置2个测压点,至少有1个测压点位于最小服务水头处。

3. 在配水干管分水点下游侧的干管和分水支管上应设检修阀;应分区、分段设检修阀。

输配水干支管检修阀间距:小于3km时,可按1.0～1.5km间隔设置阀门;在3～10km时,可按2.0～2.5km间隔设置阀门;大于10km时,可按3.0～4.0km间隔设置阀门。作者认为,结合村镇供水工程的实际情况,可按1.0～3.0km间隔设置阀门。

4. 管网供水区域较大,距离净水厂较远,且供水区域有合适的位置和适宜的地形,可考虑在水厂外建高位水池、水塔或调节水池泵站。其调节容积应根据用水区域供需情况及消防储备水量等确定。

5. 入户工程设计包括入户水压要求,管道长度,管径管材确定,标准水栓设计及防冻措施等以及水表、闸阀数量等。

6. 室外管道上的空气阀、减压阀、消火栓、闸阀、泄水阀、水表、测压表等应设置在井内，并有防冻、防淹措施。

7. 配水管网设计时，应进行必要的水锤分析计算，并对管路系统采取综合防护设计，根据管道纵向布置、管径、设计水量、功能要求，确定空气阀的数量、型式、口径。水锤防护设计应保证配水管道最大水锤压力不超过 1.3～1.5 倍最大工作压力。

8. 集镇区、农村居民集中区、古村落保护区和风景区，应按《建筑设计防火规范》(GB 50016)、《农村防火规范》(GB 50039)等相关规范设置一定数量的消火栓或预留消火栓接口。

(1)农村消防水源可由给水管网、天然水源或消防水池供给。

(2)室外消火栓间距不宜大于 120m。

(3)室外消火栓应沿道路设置，并宜靠近十字路口，与房屋外墙距离不宜小于 2m。

(4)消防水池不宜小于 $100m^3$，保护半径不宜大于 150m；设有 2 个以上消防水池时，宜分散布置。

9. 水质采样点设计。水质采样点应选在水源取水口、水厂(站)出水口、水质易受污染的地点、居民常用水点及管网末梢等部位。管网末梢采样点数应按供水人口每 2 万人设 1 个；人口在 2 万人以下时，应不少于 2 个。

10. 水厂到各用水村镇的配水干管，设计流量应根据下列要求确定：

(1)按照 5.2 节的要求进行各村镇的用水量计算，按最高日最高时用水量确定配水干管的末端出流量，按包容关系逐级向上推算各节点的流量。

(2)向高位水池或水塔供水的管道，设计流量应按最高日工作时用水量确定。

11. 村镇内的配水管网，设计流量应根据下列要求确定：

(1)管网中所有管段的沿线出流量之和应等于最高日最高时用水量。各管段的沿线出流量可根据人均用水当量和各管段用水人口、用水大户的配水流量计算确定。人均用水当量可按式(8－3)计算：

$$q=1000(W-W_1)K_h/24P \tag{8-3}$$

式中 q——人均用水当量，L(h·人)；

W——村或镇的最高日用水量，m^3/d；

W_1——企业、机关及学校等用水大户的用水量之和，m^3/d；

K_h——时变化系数；

P——村镇设计用水人口，人。

(2)树枝状管网的管段设计流量可按其沿线出流量的50%加上其下游各管段沿线出流量计算。

(3)环状管网的管段设计流量应通过管网平差计算确定。

12. 环状管网水头损失计算

(1)环状管网水力平差计算常采用海曾-威廉公式。

(2)环状管网的水头损失闭合差绝对值，小环应小于0.5m，大环应小于1.0m。

(3)配水管网水力平差计算一般不考虑局部水头损失。

13. 输配水管道的设计流速宜采用经济流速，不宜大于2.0m/s；输送浑水的输水管道，设计流速不宜小于0.6m/s。

14. 经济流速问题

(1)重力流管道的经济流速，应充分利用地形高差来确定。

(2)压力流管道的经济流速：

① 管径小于150mm时，流速为0.5～1.0m/s；管径在150～300mm时，流速为0.7～1.2m/s；管径大于300mm时，流速为1.0～1.5m/s。

② 管径小、管线长时取低值，塑料管道流速可略高于金属管和混凝土管流速。

(3)配支管的经济流速：

配水管网中各级支管的经济流速，应根据其布置、地形高差、最小服务水头，按充分利用分水点的压力水头来确定。

15. 管道设计内径应根据设计流量和设计流速来确定，设置消火栓的管道内径不宜小于100mm，入户管内径不宜超过20mm。

16. 无调节构筑物的配水管网设计流量：

(1)设计扬程应满足配水管网中最不利用户接管点和消火栓设置处的最小服务水头要求。

(2)设计流量应为泵站控制范围内的最高日最高时用水量，可按式(8-

4)计算：

$$Q=K_hW/24 \tag{8-4}$$

式中 Q——泵站设计流量，m^3/h；

W——最高日用水量，m^3；

K_h——时变化系数。

17. 管道水头损失计算应包括沿程水头损失和局部水头损失，并应符合下列要求：

(1)沿程水头损失可按式(8-5)、式(8-6)计算：

$$h_1=iL \tag{8-5}$$

$$i=10.67C^{-1.852}Q^{1.852}d^{-4.87} \tag{8-6}$$

式中 h_1——沿程水头损失，m；

L——计算管段的长度，m；

i——单位管长水头损失，m/m；

C——海曾-威廉系数，可按表8-15取值；

Q——管段流量，m^3/s。

d——管道内径，m。

表8-15 C值

管道类型	C值
塑料管	140～150
钢管、混凝土管及内衬水泥沙浆金属管	120～130

(2)输水管和配水干管的局部水头损失可按其沿程水头损失的5%～10%计算。

18. 根据管网水力计算成果，应填写管网节点信息计算成果表8-16和水力计算管道信息表8-17。

19. 特殊水厂设计的种类：

(1)小水厂并网运行设计。应以供水规模、供水区域和管网水力计算等方面统一考虑,充分利用原供水设施;可分为环状并网设计和树状并网设计。

(2)规模水厂分期设计。科学划定分期实施范围,应从水源选择、净水厂平面布置、净水工艺设计、水力计算、管网设计等方面统筹考虑。

(3)管网延伸工程设计。原则上该类工程不考虑原水厂的改扩建问题,应从原水厂供水规模、接管点特性参数(水压、水量、水质、管底高程等)以及水力计算等方面给予综合考虑。

表8－16　××县(市、区)××水厂管网节点信息计算成果表

编号	设计人口(人)	沿线流量(L/S)	节点出流量(L/S)	地面标高(m)	节点水压标高(m)	自由水头(m)
0						
1						
2						
…						

表8－17　××县(市、区)××水厂管网水力计算管道信息表

管道名称	管材	设计流量(L/s)	管道流速(m/s)	管道长度(m)	管径(mm)	管道总水头损失(m)	备注
0～1							
1～2							
2～3							
…							

注:管道名称以管段两端的节点号命名

8.6　建筑结构设计

8.6.1　建筑设计

1. 辅助建筑物及职工宿舍的建筑面积和标准。根据生产工艺要求或使

用功能确定的建筑平面布置、层数和层高。对室内热工、通风、消防、节能所采取的措施。

2. 建筑物的立面造型、装修、装饰标准及其与周围环境的关系。

8.6.2 结构设计

1. 结构设计应考虑工程所在地区的风荷和工程地质条件，地下水位、冰冻深度、地震基本烈度、对场地的特殊地质条件（如软弱地基、膨胀土、滑坡、溶洞、冻土、采空区、抗震的不利地段等）应分别予以说明。

2. 根据构（建）筑物的使用功能、生产需要所确定的使用荷载，地基土的承载力设计值、抗震设防烈度等，阐述对结构设计的特殊要求（如抗浮、防水、防爆、防震、防腐等）。

3. 给水构筑物结构设计应执行《给水排水工程构筑物结构设计规范》(GB 50069)的规定，管道结构设计应符合《给水排水工程管道结构设计规范》(GB 50332)的规定。

4. 阐述主要构筑物和大型管道结构设计的方案比较和确定，如结构选型、地基处理、基础型式、伸缩缝、沉降缝和抗震缝的设置，为满足特殊使用要求的结构处理、主要结构材料的选用，以及新技术、新结构、新材料的采用等。

8.7 供配电设计

设计范围应包括整个水厂（含取水泵房和加压泵房）：室内变压器电气安装设计、开关设备电气安装设计、低压配电系统及室内电气安装设计、各生产构筑物内动力及照明电气安装设计、厂区电气安装设计和自控仪表电源设计。

1. 说明设计范围及电源资料的概况。

2. 电源及电压：供电电源、电压等级、厂内设备的电压选择。

3. 负荷计算：说明用电设备种类，并以表格表明设备容量，计算负荷数值和自然功率因数，功率因数补偿方法，补偿设备的数量以及补偿后功率因数结果。

4. 供电系统：根据负荷性质及可靠性的要求，确定高、低压一次系统图，运行方式，变电所平面布置，变压器容量、数量及其安装方式（室内或室外）。

5. 保护和控制：继电保护的设置，操作电源类型的选择，防雷保护措施，接地装置的说明等。

6. 照明：应设置正常工作照明、事故照明以及必要的安全照明装置。工作照明电源应由厂用电系统的380/220V中性点直接接地的三相四线制系统供电，照明装置电压宜采用交流220V；事故照明电源应由蓄电池或其他可靠电源供电；安装高度低于2.5m时，应采用防止触电措施或采用12～36V安全照明。

7. 泵房电气设备的控制要求，变配电建筑物的平面布置关系，结构形式等。

8. 计量：阐明水厂变电所的计量方式以及电力系统中需要加以特别计量的回路如照明的要求。阐明计量柜的变比，或依据当地电力部门的要求。

9. 集中供水工程的电气系统设计，应符合《10kV及以下变电所设计规范》(GB 50053)、《供配电系统设计规范》(GB 50052)、《低压配电设计规范》(GB 50054)、《建筑物防雷设计规范》(GB 50057)、《建筑照明设计标准》(GB 50034)等相关标准的要求。

10. Ⅰ～Ⅳ型供水工程，电源负荷等级为二级，宜采用专用直配输电线路供电，并设专用变压器；规模化集中供水工程，宜配备备用发电机组。条件具备时，电源负荷等级可为一级。

8.8 检测、控制及通信设计

集中式供水工程的在线检测、自动化控制系统、仪表及通信的设置，应与供水规模和工艺相适应，提高供水系统运行的安全、可靠和经济性，便于精细化管理。

1. 检测项目，应包括供水系统关键部位的水质、水量、水压、水位、液位，以及混凝剂投加量、消毒剂投加量、水泵机组和供配电系统的电气参数等；检测试工，可采用人工检测、在线检测或二者结合的检测。检测仪器设备，应采用经国家质量监督部门认证许可的产品，应装设在被检测项目的控制部位且管理方便和不易破坏的地方。

2. 控制项目，应包括闸阀、水泵机组、混凝剂投加设备、净化设备以及反冲洗系统、消毒剂投加设备等重要设备；控制方式，可采用人工控制或自动化控制。

3. 水质、水量、水压、水位和液位检测设计应符合《村镇供水工程设计规范》(SL 687)13.2、13.3 等条规定。

4. 村镇集中供水工程的自动化控制系统，可分为现地控制和集中控制两大类，应按照有关标准进行设计，并应包括下列内容：

(1)系统控制原理图、流程图、平面布置图、设备接线图和供电及接地系统图；

(2)I/O 表清单，设备材料清单，以及设计说明。

5. 小型供水工程，水泵机组、水处理设备、加药设备、消毒设备等可采用现地控制方式，条件许可时宜联动控制。

6. 规模化供水工程，宜设中控室和计算机控制管理系统，对控制运行的闸阀、水泵机组、水处理设备、加药设备、消毒设备等实行集中控制，通过采集水质、水量、水压、水位、液位、电气参数等在线检测设备的数据进行实时监测和调控。

(1)每个控制点应有现地控制，便于应急处置和维修。

(2)信息收集，水源离水厂较近时宜采用电缆传输方式，管网中的加压泵站、高位水池以及各村镇的监测点可采用无线传输方式。

(3)可在水源、水厂大门、水处理间、加药间、消毒间和配电室等重要部位设摄像头，进行视频监视。

(4)计算机控制管理系统，应有故障和超限报警、数据处理和报表功能，应设置不短于 30min 的 UPS 电源、可靠的防雷和接地措施。

(5)中控室，宜靠近配电室。

7. 通信设计范围及通信设计的内容，有线及无线通信系统的组成，主要设备的选型、平面布置等。

8. 有条件的县(市、区)可筹建区域自动化监控中心。可参考北京市质量技术监督局发布的《村镇供水工程自动控制系统设计规范》(DB11/T 341—2006),结合工程实际进行具体设计。

8.9　水质检验仪器及设备

说明水质检验指标及检验仪器设备选型,列出仪器设备清单。

1. 各型供水工程应配备与供水规模和水质检验要求相应的检验设备,Ⅰ～Ⅲ型供水工程应设检验室。

2. 各县(市、区)应建区域水质检测中心,可参照同级疾控中心水质监测项目,结合农村饮水安全工程的实际,进行设计建设内容。

3. 水质检验项目及频率见表8-18。

4. 水质检测能力建设问题

(1)按四部委下发的《关于加强农村饮水安全工程水质检测能力建设的指导意见》(发改农经〔2013〕2259号)有关规定:2014年国家启动农村饮水安全工程水质能力建设,2015年全面建设。县级水质监测中心的检测能力要达到42项常规指标及本地区存在风险的非常规指标的检测能力。

表8-18　水质检验项目及频率

水样		检验项目	村镇供水工程类型			
			Ⅰ型	Ⅱ型	Ⅲ型	Ⅳ型
水源水	地下水	感官性状指标、pH值	每周1次	每周1次	每周1次	每月1次
		微生物指标	每月2次	每月2次	每月2次	每月1次
		特殊检验项目	每周1次	每周1次	每周1次	每月1次
		全分析	每年1次	每年1次	每年1次	—
	地表水	感官性状指标、pH值	每日1次	每日1次	每日1次	每日1次
		微生物指标	每周1次	每周1次	每月2次	每月1次
		特殊检验项目	每周1次	每周1次	每周1次	每周1次
		全分析	每年2次	每年1次	每年1次	—

（续表）

水样	检验项目	村镇供水工程类型			
		Ⅰ型	Ⅱ型	Ⅲ型	Ⅳ型
出厂水	感官性状指标、pH 值	每日 1 次	每日 1 次	每日 1 次	每日 1 次
	微生物指标	每日 1 次	每日 1 次	每日 1 次	每月 2 次
	消毒剂指标	每日 1 次	每日 1 次	每日 1 次	每日 1 次
	特殊检验项目	每日 1 次	每日 1 次	每日 1 次	每日 1 次
	全分析	每季 1 次	每年 2 次	每年 1 次	每年 1 次
管网末梢水	感官性状指标、pH 值	每月 2 次	每月 2 次	每月 2 次	每月 1 次
	微生物指标	每月 2 次	每月 2 次	每月 2 次	每月 1 次
	消毒剂指标	每周 1 次	每周 1 次	每月 2 次	每月 1 次

注：①感官性状指标包括浑浊度、肉眼可见物、色度、臭和味。

②微生物指标主要包括菌落总数、总大肠菌群。

③消毒剂指标，根据不同的供水工程消毒方法，为相应消毒控制指标。

④特殊检验项目是指水源水中氟化物、砷、铁、锰、溶解性总固体、COD_{Mn}或硝酸盐等超标且有净化要求的项目。

⑤全分析项目应符合《村镇供水工程运行管理规程》(SL 689)9.3.2 条的规定。每年 2 次时，应为丰、枯水期各 1 次；全分析每年 1 次时，应在枯水期或按有关规定进行。

⑥水质变化较大时，应根据需要适当增加检验项目和检验频率。

(2)按照《村镇供水工程技术规范》(SL 310)要求，在规模较大的农村供水工程设置水质化验室，配备相应的检验人员和仪器设备，具备日常指标检测能力；规模较小的供水工程可配备自动检测设备或简易检验设备，也可委托具有生活饮水化验资质的单位进行检测。

(3)《农村饮水安全工程水质检测中心建设导则》3.1.3 设计供水规模 $20m^3/d$ 及其 $20m^3/d$ 以上的集中式供水工程日常现场水质检测。

① 出厂水主要检测：浑浊度、色度、pH、消毒剂余量（采用二氧化氯消毒，条件具备时可检测消毒副产物氯酸盐和亚氯酸盐含量）、特殊水处理指标（如铁、锰、氨氮、氟化物等）等。

② 末梢水主要检测：浑浊度、色度、消毒剂余量等。

我省计划 2014 年编制水质能力建设总体建设方案，2015 年启动项目建设。

8.10　节能设计

结合工程实际情况，叙述能耗情况及主要节能措施，包括建筑物隔热措施、节电、节药和节水等措施，说明节能效益。

1. 确定工程总体布置及相关建筑物的节能设计原则和节能要求。对工程的各类建筑物进行分类，提出不同类型建筑物的节能设计及能耗指标。

2. 提出施工总布置、天然建筑材料的采购和运输、施工程序和机械选择等的节能设计及能耗指标。

3. 提出机组设备、电气系统、公用设备系统、厂用电系统、控制保护系统的节能设计及能耗指标。

4. 提出工程管理设施的节能设计及能耗指标。

5. 提出采取节能措施后，建设期和运行期的能耗总量。

6. 其他方面节能措施等。

第9章　施工组织设计

主要内容:简述工程施工组织、主要施工方法、施工进度安排及质量和进度保证措施。

9.1　工程建设任务

阐述本项目建设的工程内容及工程量。

9.2　施工条件

阐述工程的工程条件和自然条件。充分利用原有场地、道路、水电等条件,提出应补充建设的设施内容。

9.3　施工组织

1. 根据所设计的工程项目,确定工程施工分区方案。

2. 根据施工分区布置方案,规划施工道路布置;提出施工场地、施工用房、水电供应方案布置;根据总布置图计算施工永久占地和临时占地范围和占地面积，提出征地计划。

9.4 主要建(构)筑物施工方法

水源工程及取水工程、净水厂、泵站、输配水管道等部分主体工程施工，应分别说明其施工方法、施工程序、地基处理方式。必要时应概述对重要构筑物、管穿越河道等特殊工程的施工方法。

我省淮北平原区机井施工应按《机井技术规范》(GB 50625)和《供水管井技术规范》(GB 50296)的有关规定执行。

9.5 施工总进度

1. 说明工程筹建期、准备期、主体工程施工期、工程完建期各阶段所需工期及其进度安排；根据各工程项目施工安排，说明控制性工程施工进度安排，明确协调要求。

2. 提出施工进度图、表，确定各阶段工期和总工期。

9.6 质量和进度的保证措施

阐述为控制质量和施工进度所制定的保证措施。

9.7 水池满水试验设计

水池施工完毕后应进行满水试验，其试验条件、试验方法和允许渗水量应符合《给水排水构筑物工程施工及验收规范》(GB 50141) 9.2 节的有关规定。

9.8 管道水压试验及冲洗消毒设计

1. 输配水管道安装完成后，应按《给水排水管道工程施工及验收规范》(GB 50268)9.2 节的规定进行水压试验。

2. 管道水压试验后，竣工验收前应按《给水排水管道工程施工及验收规范》(GB 50268)9.5 节的规定进行冲洗消毒。

9.9 水源井抽水试验设计

1. 水源井抽水试验应按《供水水文地质勘察规范》(GB 50027)和《供水管井技术规范》(GB 50296)的有关规定执行。

2. 抽水试验分稳定流抽水试验和非稳定流抽水试验。

3. 抽水试验的下降次数宜为一次，出水量不宜小于水源井的设计出水量。

4. 抽水试验的水位和出水量应连续进行观测，稳定延续时间为 6～8h。水源井出水量和动水位应按稳定值确定。

5. 抽水试验结束前，应进行抽出的水含砂量测定。水源井出水的含砂量应小于 1/200000(体积比)。

9.10 水厂试运行设计

1. 试运行前应完成管网水压试验及冲洗消毒。根据净水工艺要求按设计负荷对净水系统进行调试，定时检验各净水构筑物和净水装置的出水水质，做好药剂投加量和水质检验记录。水质检验合格后方可进入整个系统的试运行。

2. 在分部工程验收完毕后、单位工程验收前应经过一段时间的试运行期。供水规模在1000m^3/d以上或供水人口在1万以上的村镇供水工程试运行期不应少于7d,供水规模较小的工程试运行期不应少于3d。

3. 试运行应由建设单位主持,施工、设计、监理和运行管理等单位参加。

4. 试运行期应定时记录机电设备的运行参数、药剂投加量、消毒剂投加量;定时检验各净水构筑物和净水装置的出水浑浊度、出厂水消毒剂余量以及特殊水处理的控制性指标;每天记录一次沉淀池(或澄清池)的排泥情况和滤池的冲洗情况。

5. 投入试运行48h后,应定点测量管网中的供水量和水压,对出厂水和管网末梢水各进行一次水质全分析检验。当水量、水压合格且设备运转正常后,应按水厂管理要求做好各项观测记录和水质检验。

第10章 环境影响、水土保持及水源保护

主要内容:结合项目区实际情况,提出环境影响、水土保持和水源保护措施,尤其是水源保护,宜根据水源特点,有针对性地提出具体保护措施。

10.1 环境影响

1. 简述供水工程建设前后,工程对所在地区的自然环境和社会环境的有利与不利影响。

2. 对环境影响综合评价。其主要包括:国民经济、社会环境(人群健康、旅游、交通)、自然环境(拦截泥沙、陆生和水生动植物、地下水补给)等,应作有利与不利的预测和评价。

3. 根据工程对环境的影响,从环境角度提出工程建设的可行性,提出环境影响补偿投资。

10.2 水土保持

根据工程建设影响所产生的水土流失等问题,提出水土保持方案,如对土、石料场的恢复绿化,施工中弃料场的平整利用,交通和水、电、通信设施的恢复等。

10.3 水源保护

根据水源地具体情况及存在问题，提出水源保护措施和保护方案。

水源保护的有关规定：

1. 村镇供水工程应按照《饮用水水源保护区污染防治管理规定》〔(89)环管字第201号〕等有关规定，参照《饮用水水源保护区划分技术规范》(HJ/T 338)等相关标准，结合当地实际情况，划定水源保护区或水源保护范围，明确安全防护要求，并宜参照《饮用水水源保护区标志技术要求》(HJ/T 433)的规定，设置饮用水水源保护标志。

2. 供水单位应根据划定的水源保护区或水源保护范围，定期巡查，及时妥善处理影响水源安全的问题。

3. 地表水饮用水源保护应符合下列规定：

(1)取水点周围半径100m的水域内，严禁捕捞、放养畜禽、停靠船只、洗涤、游泳、旅游或其他可能污染水源的活动。

(2)取水点上游1000m至下游100m的水域，禁止工业废水和生活污水排放、网箱养殖，应严格限制上游污染物的排放总量；沿岸50m的防护范围内，禁止有产生污染的活动。

(3)以水库和湖泊为供水水源时，应根据水库、湖泊规模及供水功能，将取水点周围部分水域或整个水域及其沿岸划分为保护区范围。

(4)作为生活饮用水水源的输水渠道，应严防污染、破坏，减少水量损失；有条件的宜加盖密封，防止人为投毒或杂物进入。

4. 地下水饮用水源保护应符合下列规定：

(1)地下水饮用水源保护区和井的影响半径范围，应根据饮用水水源地所处的地理位置、水文地质条件、开采方式、开采量和污染源分布等情况划定；单井保护半径应不小于井的影响半径，且不小于《饮用水水源保护区划分技术规范》(HJ/T 338)规定的上限值。

(2)在保护范围内，不得设置生活居住区、畜禽饲养场和垃圾处理场，禁止使用工业废水、生活污水灌溉和施用难降解或剧毒农药，禁止修建渗水厕所和污废水渗水坑，禁止堆放废渣、垃圾、粪便或铺设污水管（渠）道，不得从事农牧业活动或破坏深层土层的活动。

（3）雨季应及时疏导地表积水，防止积水渗入或漫流到水源井内。

（4）易受地表水影响的渗渠、大口井、辐射井等取水设施，其水源卫生防护应符合地表水饮用水源保护的要求。

5. 任何单位和个人在水源保护区内进行生产、建设活动时，应征得供水单位的同意和有关主管部门的批准；如发现有违规行为，供水单位应及时向有关单位报告，采取处理措施。

第11章 工程管理

主要内容:调查研究规模相近的同类供水工程管理运用现状及存在问题,结合工程的建设管理、资产管理、运行管理,分析建立有效的建设和运行管理体制和机制,提出管理单位设置和人员编制建议以及有关管理制度,明确管理及运行费用来源等。工程管理设计原则是建设、运行、维护的有效性和可持续性的有效保障。根据工程规模、管理任务、工作特点和具体运行情况等,按现行有关规定,合理拟定管理机构的组成和人员编制,对管理设施、设备以及管理等提出相应的要求。

11.1 建设管理

根据村镇供水工程特点和国家现行有关政策,组建项目建设法人单位,按照“项目法人责任制、招标投标制、建设监理制、合同管理制”要求进行工程建设管理(即按水利行业基本建设管理程序)。

1. 建设管理机构。明确工程项目法人(或项目业主)、管理职责、岗位及人员编制。

2. 建设管理及管理制度。简述对工程建设管理单位的要求以及管理制度等。

11.2 运行管理

1. 运行管理机制

(1)按照《安徽省农村饮水安全工程管理办法》(省人民政府令第238

号)的要求明确工程运行管理单位,根据《村镇供水单位资质标准》(SL 308)和《村镇供水站定岗标准》(水农〔2004〕223 号),确定工作岗位及人员编制,加强行业监管,设立维修养护经费。

(2)依照省财政厅印发的《民生工程建后管养政府购买服务办法》(财民生〔2014〕816 号)和《安徽省财政厅关于建立民生工程建后管养投入长效机制的指导意见》(财民生〔2014〕864 号)等文件要求,可采取政府购买服务的方式,统筹解决工程长效运行管理问题。

2. 运行管理要求及管理制度

简述对工程运行管理单位的要求以及管理制度等。

(1)根据工程规划确定的调度运用原则和工程建筑物的工作条件,研究确定工程调度运用规程。

(2)分析规模相近的同类供水管理运行现状及存在问题,说明用水的组织管理,分析提出水费的收取办法。

(3)落实提出水源保护措施,制定水源管理保护办法。

3. 运行管理和工程保护范围及管理设施

运行管理范围和工程保护范围应根据工程运行管理和保护工程安全的要求分别划定,并应说明划定范围内的管理主要要求和办法。

管理设施(应与建设管理统一考虑)包括:

(1)生产、办公、生活以及主要设施。

(2)管理、生活所需电源及备用电源。

(3)工程管理内部通信和外部通信的方式和设施。

(4)交通道路等。

4. 生产环境、劳动保护与安全

(1)环境保护

① 消毒间防止消毒剂泄漏措施。

② 沉淀池排泥水和滤池反冲洗水的回收及污泥处理措施。

③ 生产废水(尤其是除氟等特殊水质处理)和生活污水的排放对环境(或排放水体)的影响。

④ 降低噪音措施。

⑤ 与景观环境的协调措施。

(2)劳动保护与安全

① 用电设备安全防护措施。

② 转动设备安全防护措施。

③ 防滑梯、护栏等安全防护措施。

④ 消防及其他安全措施。

⑤ 根据构(建)筑物的消防保护等级,考虑必要的安全防火间距,消防道路、安全出口、消防给水、防烟排烟等措施。

第12章　设计概算和资金筹措

主要内容:工程设计概算应按《安徽省水利水电工程设计概(估)算编制规定》(皖水建〔2008〕139号,以下简称139号文)等规定以及工程所在地编制年当时的价格水平进行编制。

12.1　编制说明

1. 工程概况

简述工程概况、工程规模、主要工程量等内容。

2. 工程投资

工程概算总投资由工程部分(建筑工程费、设备购置及安装工程费、临时工程费、独立费用、预备费等)投资、工程占地及拆迁补偿投资、水土保持与环境保护投资组成。

(1)某水厂概算静态总投资×万元,其中:工程部分静态总投资×万元,工程占地及拆迁补偿投资静态总投资×万元,水土保持与环境保护静态总投资×万元。

(2)工程概算总投资按工程的人均综合投资指标进行控制,人均综合投资指标等于概算总投资除以该工程解决的人口数。目前,我省农村饮水安全工程人均综合投资指标原则上控制在500元/人以内。

3. 编制原则和依据

设计概算应根据省水利厅139号文的有关规定进行编制,原则上应按低限标准计算，主要依据有：

(1)省水利厅139号文。

(2)建筑工程定额主要采用水利部颁发的《水利建筑工程概算定额》(水总〔2002〕116号)和《水利工程概预算补充定额》(水总〔2005〕389号)，缺项子目采用2008年安徽省颁布的《安徽省水利水电建筑工程概算补充定额》及省建设厅颁发的2000年建筑工程估价表、2003年补充定额或2005年版(建筑、市政)消耗量定额(相应的配套费用定额、人工、机械台班一并选用)，打井工程应根据财政部、国土资源部颁发的《土地开发整理项目预算定额标准》(财建〔2005〕169号)及相关规定进行选用。

(3)安装工程定额主要采用水利部颁发的《水利水电设备安装工程概算定额》(水建管〔1999〕523号)，缺项子目采用水利部颁发的《水利水电设备安装工程概算定额(中小型)》(水建〔1993〕63号)，并按水利部水利建设经济定额站颁发的《关于(中小型)水利水电设备安装工程概、预算定额有关问题的通知》(水定〔2003〕1号)予以调整，以及省建设厅颁发的2000年安装工程估价表、2003年补充定额或2005年版(安装工程)消耗量定额(相应的配套费用定额、人工、机械台班等一并选用)。

(4)施工机械台时费定额采用2002年水利部颁发的《水利工程施工机械台时费定额》及省建设厅定额配套的台班费(定额)。

(5)国家、省、地方及其他有关规定和标准，以及设计工程量和图纸等。

4. 基础单价计算依据

(1)人工预算单价

按照《关于调整安徽省水利水电工程人工预算单价的通知》(皖水建〔2014〕59号)文的规定执行。

(2)主要材料预算价格

① 材料价格以国家现行有关价格政策(主要是柴油、汽油、电价等)和地方价格信息并结合工地现场调查情况综合确定。

② 近期部分材料工地预算参考价为：钢筋5100～5300元/t，水泥420～520元/t，汽油、柴油价格按国家发改委公布的最高零售价乘1.03系数控制。

③ 块石、碎石、黄沙等主要材料价格根据工程实际情况(主要来源地)参照当地市场价格信息合理确定。

④ 根据139号文的规定砂石料预算价格超过70元/m^3部分以差价形式计取税金后计入相应的工程单价。

⑤ 根据水利部对有关工程的审查意见，水泥按300元/t、钢筋按3000元/t、汽油按3600元/t、柴油按3500元/t限价计入工程单价，超过部分以差价形式（计取税金后）也计入相应的工程单价内，主要依据水利部、财政部颁发的《中小河流治理工程初步设计指导意见》（水规计〔2011〕277号）。

⑥ PE、PVC、PVC－M等供水管材及管件、水表、阀门等管网主材应根据市场价格及近期招投标合同价格等综合确定。

(3)其他材料预算价格

依据材料市场行情并参照本地区其他农村饮水安全工程近期价格的采购发生确定。

(4)电、风、水预算价格

按施工组织设计确定的方式，结合当地的情况，综合确定电、风、水的价格。建议控制在1.00元/(kW·h)、0.20元/m^3、0.60元/m^3左右。

5. 建筑及安装工程单价组成及费用标准

建筑工程单价由直接工程费（包括直接费、其他直接费、现场经费）、间接费、企业利润、税金构成。根据139号文规定下限采用。其中，其他直接费在建筑工程中按直接费的2.0%计算，在安装工程中按直接费的2.7%计算。

6. 分部工程概算编制

(1)建筑工程

① 主体建筑工程按设计提供工程量乘以工程单价计算（按139号文编制规定的项目划分，分别列项）。

② 房屋建筑工程原则上可按设计工程量乘以工程单价计算，也可按设计工程量乘以扩大单位指标计算，指标一般为800～1200元/m^2。不计生活文化福利建筑和室外工程投资。

③ 交通工程（包括厂内道路）（也可以列入主体建筑工程内）按设计工程量乘以工程单价计算。

④ 供电线路，可根据设计资料按扩大单位指标计算，指标一般为：新建10kV供电线路12万～16万元/km、35kV线路25万～35万元/km；低压动力线路5万～10万元/km（平原地区取小值）。

⑤ 内外部观测设施等按主体建筑工程投资的 0.5%计算。

(2)设备及安装工程

① 按设计工程量乘以设备价格及安装单价计算。水质化验(检验)设备投资可列入概算内，一般情况下，Ⅳ～Ⅴ型供水工程配套简易化验设备投资控制在 5 万～10 万元内；Ⅰ～Ⅲ型供水工程配套化验设备投资控制在 10 万～30 万元内；建立县(市、区)级水质检测中心的可适当增加化验设备投资额。

② 供水管网安装，可采用省建设厅颁发的 2000 年安装工程估价表、2003 年补充定额或 2005 年版(市政安装工程)消耗量定额及相应的配套费用定额、人工、机械台班等进行计算安装单价。管材、管件、水表、阀门等作为主要材料其费用单独计算列出(便于作为计算其他有关费用的基数)。

③ 金属结构设备价格参考以下价格采用：平面钢闸门、铸铁门(含埋件)12500 元/t，埋件 11000 元/t，拦污栅 10000 元/t，启闭机设备、压力容器、管道等按市场价格确定。

④ 设备运杂费率按 5.0%计。

(3)临时工程(一般控制在建安工程投资的 2.0%左右)

① 导流工程：(一般无)可按设计工程量乘以工程单价计算。

② 施工交通工程：(一般无)可按设计工程量乘以工程单价计算。

③ 临时房屋工程：临时仓库单位造价指标按 150 元/m^2 计，办公、生活及文化、福利建筑工程投资按第一至第三部分建安工作量的 1.0%计算。

④ 其他施工临时工程：按第一至第三部分建安工作量的 0.5%计算。

(4)独立费用

① 建设管理费

A. 项目建设管理费

● 建设单位开办费、建设单位人员经常费，根据 139 号文，按第一至第三部分建安工作量的 3.0%计算。计算基数含管材、管件投资，不应含设备投资。

● 工程管理经常费按建设单位开办费、建设单位人员经常费之和的 20%计算。

● 联合试运转费按 139 号文规定计算。

B. 工程监理费

按国家发展改革委、建设部颁发的《建设工程监理与相关服务收费管理规定》（发改价格〔2007〕670 号）的规定计算，原则上不超过第一至第三部分投资的 2.5%。

② 生产准备费

管理用具购置费，按第一至第三部分建安工作量的 0.02%计算，备品备件购置费按设备费的 0.50%计算，工器具及生产家具购置费按设备费的 0.10%计算。新建工程可按 139 号文规定费率的 50%的标准计算生产人员培训费及提前进场费。

③ 科研勘测设计费

工程科学研究试验费：原则上不予计列。

勘测、设计费：按国家计委、建设部颁发的《工程勘察设计收费标准》（计价格〔2002〕10 号）的有关规定计算，物探费、地形测绘等应属于勘察费项目。其他阶段勘测设计费按有关规定计算。

④ 其他

竣工检测费：根据 2009 年 6 月 2 日安徽省水利厅基本建设处《关于我省水利工程竣工检测费用的函》的要求，按第一至第三部分投资的 0.30%计列。

水质化验分析费：按 1500 元/次乘以化验次数计算。

7. 其他说明

(1)基本预备费按第一至第三部分投资之和的 5%计算。

(2)根据《国家计委关于加强对基本建设大中型项目概算中“价差预备费”管理有关问题的通知》（计投资〔1999〕1340 号）的规定，价差预备费不计。

(3)工程占地及拆迁补偿投资

① 土地征用补偿

占地亩产值及补偿费用，按照《安徽省人民政府关于公布安徽省征地补偿标准的通知》（皖政〔2012〕67 号）及《大中型水利水电工程建设征地补偿和移民安置条例》（国务院令第 471 号）的有关规定计算。施工临时占地补偿费用，应根据占地类型及占用时间分别计算。

② 房屋拆迁标准，参考省水利厅、省发改委颁发的《关于公布安徽省大中型水利水电工程建设地面附着物补偿标准的通知》（发改农经〔2012〕98

号)的上限标准计算。

③ 实施管理等费用,可按占地及拆迁投资的 5.0%计算。基本预备费按第一至第三项投资的 3%计算。

(4)水保及环境保护工程投资规模较小,如果不能详细计算,也可参考其他小型水利工程的执行办法,其投资可简化成按工程部分投资的百分比计算(可取 0.5%～1.0%)。

8. 设计概算表

(1)表 12-1 为××县(市、区)××水厂总概算表。

(2)表 12-2 为建筑工程概算表。

(3)表 12-3 为设备(含管材)及安装工程概算表。

(4)表 12-4 为临时工程概算表。

(5)表 12-5 为独立费用概算表。

(6)表 12-6 为工程占地及拆迁补偿费概算表。

(7)表 12-7 为水土保持和环境保护工程概算表。

(8)表 12-8 为主要材料预算价格汇总表。

(9)表 12-9 为主要设备、管材及管件预算价格汇总表。

(10)表 12-10 为人工预算单价汇总表(不同标准分别列出)。

(11)表 12-11 为混凝土及砂浆材料单价计算表。

(12)表 12-12 为施工机械台时费汇总表。

(13)表 12-13 为建筑安装工程单价分析表。

表 12-1　××县(市、区)××水厂总概算表

单位:万元

序号	工程或费用名称	建安工程费用	设备(管材)购置费用	其他费用	合计	占投资额(%)
Ⅰ	工程部分投资					
	第一部分:建筑工程					
一	取水工程					
二	输水工程					

（续表）

序号	工程或费用名称	建安工程费用	设备（管材）购置费用	其他费用	合计	占投资额（%）
…	……					
	第二部分：设备（管道）及安装工程					
一	取水工程					
二	输水工程					
…	……					
	第三部分：施工临时工程					
一	临时房屋工程					
二	其他施工临时工程					
	……					
	第四部分：独立费用					
一	建设管理费					
二	生产准备费					
	……					
	第一至第四部分 合计					
	基本预备费					
	静态总投资					
Ⅱ	工程占地及拆迁静态投资					
Ⅲ	水保及环保工程静态投资					
Ⅳ	工程静态投资总计（Ⅰ～Ⅲ）					

表 12－2　建筑工程概算表

单位：元

编号	工程或费用名称	单位	数量	单　价	合　价	备　注
	第一部分：建筑工程					
一	取水工程（水源工程）					

（续表）

编号	工程或费用名称	单位	数量	单　价	合　价	备　注
1	土方开挖					
2	土方回填					
	……					
二	输水工程					
1	土方开挖					
2	土方回填					
	……					
三	净水工程					
1	土方开挖					
2	土方回填					
	……					
四	配水工程					
1	土方开挖					
2	土方回填					
	……					
五	泵站工程					
六	房屋建筑工程（指生产管理用房）					
七	交通工程（包括厂内道路）					
八	供电设施工程					
九	其他					
1	内部观测设施					
…	……					

表 12-3 设备(含管材)及安装工程概算表

单位:元

编号	工程或费用名称	单位	数量	单价		合价	
				设备费	安装费	设备费	安装费
一	主要机电设备及安装工程						
1	*****机						
2	*****泵						
	……						
二	主要电气设备及安装工程						
1	*****变压器						
2	*****开关柜						
	……						
三	供水管网安装工程						
四	供水管道及管件主材费				安装费		安装费
1	*****管材				安装费		安装费
2	*****管件				安装费		安装费
	……						
五	水净化设备及安装工程						
	……						
六	金属结构设备及安装工程						
	……						
七	其他设备及安装工程						
	……						

表 12-4　临时工程概算表

单位：元

编号	工程或费用名称	单位	数量	单　价	合　价	备　注
一	施工导流工程					
	……					
二	施工交通工程					
	……					
三	施工临时房屋工程					
	……					
四	其他临时工程					

表 12-5　独立费概算表

单位：元

编号	工程或费用名称	单位	数量	单　价	合　价	备　注
一	建设管理费					
	……					
二	工程监理费					
	……					
三	生产准备费					
	……					
四	科研勘测设计费					
	……					
五	其他					
1	竣工检测费					
2	水质化验分析费					

表 12-6 工程占地及拆迁补偿概算表

单位:元

编号	工程或费用名称	单位	数量	单 价	合 价	备 注
一	土地占用补偿费					
二	房屋及附属物拆迁补偿费					
三	实施管理等费用					
	第一至第三部分小计					
	基本预备费					
	静态总投资					

表 12-7 水土保持及环境保护工程概算表

单位:元

编号	工程或费用名称	单位	数量	单 价	合 价	备 注
一	水土保持工程投资					
二	环境保护工程投资					

表 12-8 主要材料预算价格汇总表

单位:元

编号	名称及规格	单位	预算价格	其 中			
				原 价	运杂费	采保费	

表 12－9　主要设备、管材及管件预算价格汇总表

单位：元

编号	名称及规格	单位	预算价格	其　中			
				原　价	运杂费	采保费	

表 12－10　人工预算单价汇总表（不同标准分别列出）

单位：元

编号	名称及规格	单位	预算价格	其　中			
				原　价	运杂费	采保费	

表 12－11　混凝土及砂浆材料单价计算表

编号	混凝土（砂浆）强度等级	水泥强度等级	级配	预算量						单价（元）
				水泥（kg）	掺和量（kg）	砂（m^3）	石子（m^3）	外加剂（kg）	水（m^3）	

注意：水泥、砂、碎石要限价计算

表 12－12　施工机械台时费汇总表

单位：元

编号	名称及规格	台时费	其　中		
			一类费用	二类费用	

表 12－13　建筑安装工程单价分析表

定额编号：		定额单位：				
施工方法：						
编号	工程或费用名称	单位	数量	单价	合价	备　注
一	直接工程费					
1	直接费					
(1)	人工费					(或者:工日×工日单价)
	工长					
	高级工					
	中级工					
	初级工					
(2)	材料费					
	……					
(3)	机械费					(或者:台班×台班单价)
	……					
2	其他直接费					
3	现场经费					
二	间接费					
三	企业利润					
四	价差					
五	税金					
	……					
	合计					

12.2 资金筹措

1. 根据中央及省有关要求及批复，阐述资金筹措方案。

2. 安徽省享受西部大开发政策县(市、区)名单如下：

合肥市(长丰县)，蚌埠市(怀远县)，安庆市(枞阳县、潜山县、太湖县、宿松县、望江县、岳西县)，滁州市(定远县)，阜阳市(临泉县、太和县、阜南县、颍上县、界首市)，宿州市(砀山县、萧县、灵璧县、泗县)，芜湖市(无为县)，六安市(寿县、霍邱县、舒城县、金寨县、裕安区)，亳州市(涡阳县、利辛县)，池州市(石台县)，宣城市(郎溪县、泾县)，合计30个县(市、区)。

第13章 经济评价

主要内容:根据规范规定建设项目经济评价是项目前期工作的重要内容,农村饮水安全工程经济评价工作拟作适当简化:国民经济评价仅分析计算主要评价指标,并说明国民经济评价结果;财务评价仅就供水成本进行分析,同时测算项目区群众对水价的承受能力。

13.1 国民经济评价

1. 效益分析

(1)工程效益包括社会效益和经济效益两大类。

(2)从促进社会环境生态建设、精神文明建设、维护社会稳定和密切党群关系等方面定性阐述项目的社会效益。

(3)从提高健康水平,减少农民医药费支出,节省劳动力,发展经济(包括发展农业生产、外出务工、发展庭院经济和村办集体经济)等方面定量分析计算项目的经济效益。

2. 国民经济评价

根据《水利建设项目经济评价规范》(SL 72),对项目进行国民经济评价指标分析计算,列出主要评价指标,说明评价结果。

13.2 供水成本及水价测算

说明工程的运行成本水价、全成本水价及水价测算方法和成果。

1. 成本构成

水资源费、药剂费、电费、工资福利、折旧费、大修理费、日常检修维护费、管理及其他费用。表13－1为××某县(市、区)××水厂供水成本计算表。

表13－1　××县(市、区)××水厂供水成本计算表

序号	费用名称	计算方法
1	水资源费	按水行政主管部门规定计取
2	药剂费	所有药剂费用之和
3	电费	耗电量×电价
4	工资福利费	员工人数×每人平均年工资福利
5	折旧费	固定资产原值×折旧费率(取4.8%)
6	大修理费	固定资产原值×大修理费率(取2.0%)
7	日常检修维护费	固定资产原值×日常检修维护费率(取1.0%)
8	管理及其他费	(1+2+3+4+5+6+7项)×管理及其他费率(取10%)
9	年经营成本	1+2+3+4+7+8项
10	总成本	1+2+3+4+5+6+7+8项

固定资产原值＝工程费＋预备费＋建设期融资利息

2. 流动资金

流动资金＝年经营成本×经营成本率(1/12～1/6)

3. 供水成本及水价计算

(1) 等额年总成本的计算

$$C_t = C_c + C_o + C_r$$

式中：C_t—— 等额年总成本；

C_c—— 等额年投资；

C_o—— 等额年经营成本；

C_r—— 等额年贷款利息。

$$C_c = C_p \times i \times (1+i)^n / [(1+i)^n - 1]$$

$$C_o = O_p \times i \times (1+i)^n / [(1+i)^n - 1]$$

$$C_r = R_p \times i \times (1+i)^n / [(1+i)^n - 1]$$

式中：C_p—— 服务年限内投资现值和；

O_p—— 服务年限内经营费用现值和；

R_p—— 服务年限内贷款利息现值和；

i—— 收益率(取6%)；

n—— 项目服务年限(工程设计年限)。

$$C_p = \sum_{n=1}^{n} C_i \times (1+i)^{-n}$$

$$O_p = \sum_{n=1}^{n} O_i \times (1+i)^{-n}$$

$$R_p = \sum_{n=1}^{n} R_i \times (1+i)^{-n}$$

(2) 水价计算

$$d = C_t / Q$$

$$D = C_o / Q$$

式中：d—— 全成本水价，元／吨；

D—— 运行成本水价，元／吨；

Q——为年销售水量，m^3/年。

13.3 水价承受能力分析

通过水价计算，结合项目区域经济发展水平、农民收入、支出情况，调查分析受益区群众对水价的承受能力。

第 14 章　附录、附件、附图

14.1　附　录

1. 本项目规划(或可行性研究)报告批复文件等。

2. 水源水质化验报告(相应检验资质单位出具)。

3. 管网延伸工程延伸许可协议(根据工程需要)。

4. 主要材料及设备清单。全部工程及分期建设需要的三材和其他主要设备材料的名称、规格(型号)、数量等。以表格方式列出清单。

14.2　附　件

1. 地勘报告(根据工程需要)。

2. 水文水利计算报告(根据工程需要)。

3. 设计概算书。

4. 设计图纸(见 14.3 附图要求)。

14.3　附　图

一般应包括下列图纸,并可根据工程内容及设备招投标具体情况适当调整图纸内容。

1. 总体布置图

比例一般采用1∶5000～1∶25000,图上标示出地形、地物、河流、铁路、公路等,标出坐标网、方位,绘制现有和设计的给水系统,列出主要工程项目表。

2. 总平面图

水源地、取水区、净(配)水厂区等应绘制总平面图,比例一般采用1∶200～1∶500,图上标示出坐标轴线、标高、指北针、平面尺寸,绘出现有和设计的建筑物、构筑物、主要管道、围墙、道路及相关位置、尺寸,注明与外部配套设施的关系,绿化景观布置示意,列出建筑物、构筑物、设备一览表、主要技术经济指标和工程量表。

3. 工艺流程图

纵向比例一般采用1∶100～1∶200,图上标示出生产流程中各构筑物及其水位标高关系,列出主要规模指标和主要设计参数,以及主要设备及主要性能参数。

4. 管网水力计算图

管网水力计算图一般应分为正常供水(最高日最大时流量)工况和消防校核工况及事故校核工况绘制(村镇供水无消防考虑和事故工况要求时,可以不进行消防和事故校核工况校核)。水力计算图应标明调蓄构筑物位置、节点编号、节点流量和集中流量(L/s),管段长度(m)、管径(mm)、管段流量(L/s)水头损失(m),水压标高(m)、地面标高(m)、自由水头(m)。其图幅大小和比例尺寸及线条粗细应适当。统一格式如下:

水压标高
地面标高
流　　量
自由水头

$$\frac{\text{流量(L/s)－管径(mm)}}{\text{管长(m)－水头损失(m)}}$$

5. 给水管平面设计图、纵断面设计图

平面设计图比例一般采用1∶500～1∶1000,图中标示出地形、地物、道路、管平面位置、转角度数及坐标,示意穿越铁路、公路、河流、各类地下管缆等主要障碍的位置,布置平面管件、各类阀门、消火栓等管道附件以及泄水管、连通管等的位置。

纵断面设计图须用比例一般为横向 1∶1000～1∶2000，纵向 1∶100～1∶200，图上标示出现况地面标高、设计地面标高、设计管底标高、埋深、距离、坡度、接口形式，注明管径、管材、示意穿越铁路、公路、河流、各类地下管缆等主要障碍的位置及标高，布置纵断面管件、各类阀门、消火栓等管道附件以及泄水管、连通管等的位置。

平面设计图和纵断面设计图应相互对应，并列出主要设备材料及工程量表。

6. 主要构筑物工艺设计图

采用比例一般为 1∶100～1∶200，在建筑图的基础上标示构筑物工艺设计尺寸、布置形式、主要设备及主要工艺管道、附件的相对位置、标高（绝对标高）等，注明管径及水流方向，列出主要设备材料表，注明规格及主要性能参数。

7. 主要建筑物、构筑物建筑图

应包括平面图、立面图和剖面图。采用比例一般为 1∶100～1∶200。图上标示出主要结构和建筑配件、基础做法、建筑材料、室内外主要装修、建筑构造、门窗以及主要构件截面尺寸等。

8. 供电系统和主要变、配电设备布置图

标示变电、配电、用电起动保护等设备位置、名称、符号及型号规格，附主要设备材料表。

9. 自动控制仪表系统布置图

仪表数量较多时，绘制系统控制流程图。当采用微机控制时，须绘制微机系统框图。

10. 机械及金属结构设计图

（1）机械设备布置图宜采用 1∶50～1∶200 比例。图中标示出工艺布置，设备位置，标注主要部件名称和尺寸，列出采用的设备规格和数量。

（2）专用机械设备和非标机械设备以及金属结构设计图，注明设备的规格、性能参数等。

（3）机修间平面图，注明设备规格、性能参数及设备的布置。

11. 其他附图

可根据工程的需要，增加相关设计附图。如区域供水工程规划图等。

附录A 初步设计报告编制格式

1. 报告封面应满足的要求

(1)封面应包括报告名称、设计单位全称和报告完成的年、月等内容。

(2)报告名称宜统一为“安徽省××县(市、区)××水厂(改扩建、管网延伸)初步设计”。

(3)由多家设计单位完成的项目,应以第一家设计单位为责任单位。

(4)报告有多个版本时,应注明版本性质,如送审、修订等内容。

2. 报告扉页应包括的内容

(1)设计单位的资质证书。

(2)设计单位签审署名页。署名包括批准、审核、项目负责人、主要编写人员。其中批准、审核、项目负责人应有签名。

3. 报告章节的安排

(1)应将“综合说明”列为第1章,以下章节可按照《设计指南》第2~14章的顺序和编制要求依次编排。

(2)各章内的节名,可参照《设计指南》各节名称,并根据实际情况取舍。

4. 报告的附件

应按工程需要,另行编排顺序,单独成册。

附录 B　农村饮水安全工程实施方案编制要点

简述农村饮水安全工程实施方案编制要点，主要根据《农村饮水安全工程实施方案编制规程》(SL 559)、《村镇供水工程设计规范》(SL 687)等有关规范。根据国家发展改革委、水利部《关于改进中央补助地方小型水利项目投资管理方式的通知》(发改农经〔2009〕1981 号)文件规定，农村饮水安全项目属小型水利项目，可编制项目实施方案。实施方案由可行性研究和初步设计合并而成，达到初步设计深度。我省规定，规模水厂编制初步设计，非规模水厂可编制实施方案。具体章节如下，详见《农村饮水安全工程实施方案编制规程》(SL 559)。

B.1　综合说明

要点：简述工程背景、设计依据、建设任务与目标及工程建设的必要性与可行性；简述工程规模、水源选择、工程总体布置及水厂位置、占地面积；简述工程设计主要内容、主要工程量和材料及设备、概算与资金筹措方案及经济评价的结论；附工程特性表。

B.2　工程背景与设计依据

要点：工程背景，设计依据，建设任务与目标。

B.3　工程建设的必要性与可行性

要点：项目区概况，供水现状，工程建设的必要性与可行性。

B.4 总体设计

要点:工程设计标准,工程规模,水源选择,工程总体布置。

B.5 工程设计

要点:工程防洪和抗震标准,取水工程设计,输水工程设计,水厂工程设计,输配水工程设计,建筑设计,结构设计,供配电设计,自动控制设计,采暖通风与空气调节设计,机械设备选型及金属结构设计,节能与节水设计,防火与安全及劳动保护。

B.6 施工组织设计

要点:施工条件和方法,施工总布置,施工进度计划。

B.7 工程管理

要点:建设管理,运营管理,应急管理。

B.8 环境保护与水土流失防治措施

要点:提出环境保护措施和水土流失防治措施。

B.9 概算与资金筹措

要点:概算编制说明,概算表及附表,资金筹措与管理。

B.10 经济评价

要点:评价依据及参数,国民经济评价,供水成本及水价,财务分析。

B.11 结论与建议

要点:综述实施方案的主要成果,提出下阶段工作的建议。

附录 工程设计图、工程特性表

附录C 农村饮水安全工程规划报告编制章节

简述农村饮水安全工程规划编制要点，主要参照《全国农村饮水安全工程"十二五"规划》、《安徽省农村饮水安全工程"十二五"规划报告》、《城市给水工程规划规范》(GB 50282)等规划文本及相关规范，建议分如下章节。

前 言

C.1 农村饮水安全现状

1.1 农村饮水安全工程建设进展和成效

1.2 存在的主要困难和问题

1.3 农村饮水安全状况调查评估

C.2 指导思想、目标任务、技术路线和规划分区

2.1 规划依据

2.2 规划范围

2.3 指导思想

2.4 基本原则

2.5 规划目标

2.6 技术路线与规划分区

C.3 主要建设标准和内容

3.1 建设标准

3.2　建设内容

3.3　建设规模

3.4　不同类型问题规划方案与技术措施

3.5　典型工程设计

3.6　水资源供需分析

C.4　工程管理

4.1　工程前期工作

4.2　工程建设管理

4.3　工程运行管理

4.4　管理体制革新

C.5　投资估算与资金筹措

5.1　编制依据

5.2　投资估算方法

5.3　人均综合投资估算

5.4　投资估算

5.5　资金筹措

5.6　地方投资和农民自筹能力分析

C.6　效益分析

6.1　社会效益分析

6.2　经济效益分析

C.7　环境影响评价

7.1　评价依据

7.2　评价原则及目的

7.3　评价工作程序

7.4　环境现状分析

7.5　环境影响评价

7.6 环境保护对策与减缓影响的措施

C.8 保障措施

8.1 组织领导方面

8.2 投资融资方面

8.3 前期工作方面

8.4 建设管理方面

8.5 运行管理方面

8.6 社会监督方面

8.7 宣传培训方面

8.8 其他等方面

C.9 展望

附表、附图

附录D　农村饮水安全工程初步设计审查要点

根据《水利水电工程初步设计质量评定标准》(SL 521),结合我省农村饮水安全工程初步设计报告编制情况,从行政审查、技术审查和概算审核标准等三个方面,简述农村饮水安全工程初步设计审查要点。技术审查参照《安徽省农村饮水安全工程初步设计编制指南(试行)》的章节编排划分,供各市审查初设报告时参考。

D.1　行政审查

序号	项　目	审查内容	重要程度
1	工程投资	概算在1000万元(不含)以下的由市水利(务)局审批;1000万元以上的由市发改委审批	★★★
2	送审资料	市水利(务)局或市发改委审查	
3		审批申请文件(1份)	★★★
4		初步设计报告(3套)	★★★
5	报告编制规范性	设计文本、设计概算、设计图纸齐全	★★★
6		设计文本、设计概算A4版面装订	
7		设计图纸单独装订	
8	设计单位	资质等级是否符合要求	★★★
9		资质在有效期内	
10		主要设计人员在署名页签字确认	

D.2 技术审查

1. 综合说明

序号	项　目	审查内容	重要程度
1	文字	能简要、明确地说明项目设计情况	
2	项目高程系	明确工程设计所选用的高程系	★★
3	工程特性表	附有工程特性表并按要求填写	
4	工程地理位置图	附有工程地理位置图	★★

2. 项目区概况及项目建设的必要性

序号	项　目	审查内容	重要程度
1	供水范围	合理选择工程供水范围	
2	现有供水设施	现有设施的建设年代、产权归属、运行管理、净水工艺、设施完好程度以及目前存在的问题	★★
3	饮水不安全人口	饮水不安全问题所属类型	★★★
4		农村居民人数及分布	
5		农村学校师生人数及分布	

3. 工程建设条件

序号	项　目	审查内容	重要程度
1	工程地质	文本对工程地质的描述	
2		是否具有工程地质勘查报告	

4. 设计依据及原则

序号	项　目	审查内容	重要程度
1	引用的文件	名称是否正确、是否有效、是否齐全	
2	引用的规范	是否最新、是否齐全	

5. 工程规模

序号	项　目		审查内容	重要程度
1	设计年限		一般取 15 年	
2	供水规模	居民生活用水	①最高日居民生活用水定额选取； ②居民人口的预测； ③集镇、乡村宜分开计算	★★
3		村镇企业用水	据实际情况计算	
4		公共建筑用水	按居民生活用水量估算	
5		消防用水	一般不单列	
6		浇洒道路和绿地	一般不计此项	
7		管网漏损水量和未预见水量	一般按上述之和的 10%～20%计列	
8	人均综合用水量		一般不宜大于 100L/(人・d)	★★
9	水厂自用水量		①一般为供水规模的 5%～8%； ②地表水厂取大值，地下水厂取小值	
10	时变化系数 K_h		按规模计算进行取值	★★
11	日变化系数 K_d		一般取 1.5	

6. 水源选择

地下水为取水水源

序号	项　目	审查内容	重要程度
1	区域地下水开发利用情况	说明地下水开发、利用状况	
2	区域水文地质图	①地下水的补、径、排关系； ②区域含水层分布以及富水性； ③地下水埋深情况	★★
3	参证井水质化验报告	①原水水质是否达标的依据； ②净水工艺选择的依据	★★★
4	参证井与拟开采井的位置关系	参证井的稳定出水量和水位，通过区域水文地质图可判断参证井资料的可靠性	
5	拟开采井物探报告	开采井结构设计依据	
6	水文地质参数选取	计算最大涌水量、单井开采量、影响半径的依据	

（续表）

序号	项　目	审查内容	重要程度
7	开采井影响半径	开采井群合理布置的依据	
8	区域安全开采量评估	测算其供水保证率	

注：淮河以北通常以中深层地下水为水源，沿淮部分县区如五河县、怀远县、颍上县等也有部分工程采用淮干及保证率高的支流作水源。

地表水为取水水源

序号	项　目		审查内容	重要程度
1	区域水资源开发利用情况		说明区域水资源开发利用	
2	区域水系图		是否有区域水系图	★★
3	水库型	原水水质化验报告	DO、氨氮、COD_{Mn}、总磷等	★★
4		水量保证程度	径流调节计算	★★
5		水位分析	注意与死水位的关系	
6		取水口位置	选择水质较好之处	
7	河流型	原水水质化验报告	浊度、DO、氨氮等	★★
8		水量保证程度	径流调节计算	★★
9		水位分析	保证率下的水位	
10		取水口位置	①城镇和工业用水区的上游； ②弯曲河段宜设在凹岸	

注：①江淮丘陵区多采用水库；沿江圩区采用长江及主要支流为水源。

②DO：溶解氧；COD_{Mn}：化学需氧量。表征水体污染程度，特别是有机污染。

7. 工程总体布置

序号	项　目	审查内容	重要程度
1	给水系统方案确定	①供水方式比选： a. 水厂规模在大的前提下考虑适度原则； b. 对现有水厂并网和新建水厂应经方案比选。 ②供水水质方案：原则上不允许分质供水； ③供水压力方案： a. 地形起伏较大区域，优先考虑给水系统整体上为重力流输配水； b. 采用分压供水时，加压方式应经比选确定。 ④要充分考虑对现有供水设施的利用	★★★

（续表）

序号	项　目	审查内容	重要程度
2	取水工程	①取水口/水源井位置的比选； ②取水构筑物型式的确定	
3	输水线路选择	确定原水输水线路	
4	净水厂总体设计	①厂址选择； ②净水工艺选择：工艺可靠，针对地下水氟后期易超标地区要适当做好预留； ③水厂平面布置：分区并布置紧凑； ④水厂高程布置：合理利用地形	★★★
5	配水管网	配水线路选择	
6	输配水管材选择	①过路、过桥宜采用球墨铸铁管； ②一般干管、支管宜采用PE管； ③主要干管采用PE管或球墨铸铁管宜经比选确定	
7	征地拆迁	按照节约用地的原则尽量减少征地	

8. 工程设计

序号	项　目	审查内容	重要程度
1	工程类型	按照《村镇供水工程设计规范》划分	★★
2	工程设计标准	水质：符合GB 5749的要求； 方便程度：供水入户； 入户水头：一般应不低于12m	
3	防洪、抗震标准	按《编制指南》要求	
4	设计流量	①在不考虑原水管道漏损的前提下，取水、输水、净水三个环节其设计流量应一致； ②配水管网设计流量应考虑时变化系数K_h因素	★★★
5	竖向设计	①构筑物、连接管道水损取值合理； ②净水构筑物尺寸、埋深在符合工艺要求的前提下使得造价低	
6	取水工程	①管井： a. 井深、取水层位；b. 井径、过滤管设计； c. 单井设计取水量；d. 开采井群的布置； e. 深井泵选择；f. 自动水位监测系统。 ②地表水取水构筑物： a. 取水头部(或进水室)的设计； b. 取水泵房的设计； c. 构筑物取水能力校核	★★

（续表）

序号	项　目	审查内容	重要程度
7	输水工程	①输水管道管径、长度、埋深和防腐措施； ②管道穿越道路等工程措施； ③管道附属设施设计（排气阀等）	★★
8	净水工程	①原则上不允许使用一体化净水设备； ②净水构筑物选型及主要设计参数、尺寸，主要设备型式及主要性能参数、数量等； ③制取二氧化氯的原材料必须分开单独贮存	★★
9	配水工程	①管网水力计算正确； ②入户管道水头不宜大于40m，否则对入户要考虑减压措施； ③适当、合理地设置消火栓； ④有节点信息表、管道信息表； ⑤入户典型设计符合要求	★★
10	泵站设计	①水泵选型是否合理； ②附所选泵型的特性曲线	
11	其他	①排泥水处理设计； ②水厂检验仪器及设备； ③自动控制、仪表及通信设计	

9．施工组织设计

序号	项　目	审查内容	重要程度
1	输配水管网	①过桥、过沟应有防护措施； ②埋深应符合规范要求； ③入户安装水管应考虑防冻措施	★★
2	试运行	按《村镇供水工程施工质量验收规范》（SL 688）要求编写	

10．环境影响、水土保持及水源保护

序号	项　目	审查内容	重要程度
1	文字	包含环境影响、水土保持及水源保护等内容	

11．工程管理

序号	项　目	审查内容	重要程度
1	建设管理	规范项目建设法人，落实项目法人责任制	
2	运行管理机构	明确运行管理单位	

12. 设计概算和资金筹措

序号	项　目	审查内容	重要程度
1	概算编制说明	编制说明是否符合《编制指南》要求	
2	工程部分投资	①核实是否有漏加、重复计算的分项； ②管理房面积是否符合要求； ③管材单价是否合理； ④临时工程一般控制在建安工程的2%； ⑤工程监理费的费率为2.5%； ⑥工程勘测费用据合同结算； ⑦工程设计费的费率符合规定	★★★
3	基本预备费	费率为工程部分投资的5%	
4	工程占地拆迁费	合理核定征地面积及征地标准	
5	资金筹措	符合现行农村饮水安全工程资金使用政策	

13. 经济评价

重点对工程运行成本进行审查。

14. 附录、附件、附图

序号	项　目	审查内容	重要程度
1	附录	①规划报告批复文件； ②水源水质化验报告； ③主要材料及设备清单	
2	附件	①取水许可批件； ②工程供电协议； ③用地预审文件； ④地勘、物探报告	★★
3	附图	①工程总体布置图； ②水厂总体平面布置图； ③工艺流程断面图； ④管网水力计算图； ⑤给水管平面设计图、纵断面设计图； ⑥主要构筑物工艺设计图； ⑦主要建筑物、构筑物建筑图； ⑧供电系统和主要变、配电设备布置图； ⑨自动控制仪表系统布置图； ⑩机械及金属结构设计图	★★

D.3 概算审核标准

1. 人均投资标准

水厂规划内人口人均投资标准控制在500元/人以内。

2. 管材价格

按1.8万元/吨综合价控制。管材价格超过此控制价的部分应核除，但上报值在1.6万～1.8万元/吨的，原则上不作调整。

3. 净水厂占地面积

(1)根据工程规模等情况，以地下水为水源的净水厂占地面积控制在4～5亩以内；地表水厂控制在5～6亩。

(2)征地标准如有协议，按协议价审核；如没有协议或协议金额高于征地标准的，按规定的标准审核。

(3)预留用地征地费不在本期工程中列支。

4. 净水厂房屋建筑面积

(1)地下水厂：净水厂办公管理房(含办公室、化验室、控制室、值班室、仓库、食堂、浴室)总面积控制在300～350m^2，生产用房面积控制在120～150m^2。

(2)地表水厂：净水厂办公管理房(含办公室、化验室、控制室、值班室、仓库、食堂、浴室)总面积控制在350～400m^2，生产用房面积控制在120～150m^2。

(3)净水厂外的加压站、高位水池、泵站等用房根据实际需要建设。

5. 除氟设备

报告中参考水源的含氟量不高于1.0mg/L的不考虑计列除氟设备；但如处于高氟地区，则应考虑预留除氟工艺位置及生产房。

小型集中式供水(指日供水在1000m^3以下或供水人口在1万人以下)的按1.2mg/L控制。

6. 临时工程

按建安工程投资(不含管材、管件投资)的2.0%控制。

7. 独立费用

(1)设计费：根据专家打分及报告修改情况确定等级，审核设计费。

(2)勘测费:没有正式勘测报告的,按3万~5万元控制;有报告的,按概算总表一至三部分投资之和的1.5%~2.0%控制;有协议的,如协议金额低于审核标准,按协议执行。如高于审核标准,按审核标准执行。

(3)如确需水资源论证的,其费用可以在概算中列支。农村饮水安全工程属水利工程,按规定可不开展防洪评价。

8. 基本预备费

按概算总表一至四部分投资之和的5%控制。如上报值低于5%的,可不作调整。

9. 其他

(1)对工程量和工程单价要进行审核,不合理的要进行调整。

(2)概算中不得计列购置车辆,应核除住宅用房(可考虑少量值班用房)。

(3)概算审核表中,对核增(减)项应在备注栏中作说明。

10. 农村饮水工程初步设计设计费取费标准

(1)规模化水厂:3.02%~3.85%;

(2)规模以下水厂:3.34%~3.10%;

(3)管网延伸工程:2.41%~2.24%。

D.4 我省农村饮水安全工程初步设计审批权限划分

1. 根据省水利厅《关于调整农村饮水安全工程初步设计审批权限的通知》(皖水农函〔2013〕1748号)规定,自2013年12月12日起,总投资1000万元以下的千吨(万人)规模水厂初步设计审批权限,下放到市级水利(水务)局商市级发展改革委审批。

2. 根据安徽省发展改革委《关于下放农村饮水安全工程初步设计审批权限的通知》(发改设计〔2014〕223号)规定,自2014年6月4日起,总投资在1000万元以上的农村饮水安全工程初步设计一律下放到市级发展改革委商市级水利(水务)局审批。

附录E　生活饮用水卫生标准(GB 5749—2006)

前　言

本标准的全部技术内容为强制性。

本标准自实施之日起代替 GB 5749—85《生活饮用水卫生标准》。

本标准与 GB 5749—85 相比主要变化如下：

——水质指标由 GB 5749—85 的 35 项增加至 106 项，增加了 71 项；修订了 8 项；其中：

(a)微生物指标由 2 项增至 6 项，增加了大肠埃希氏菌、耐热大肠菌群、贾第鞭毛虫和隐孢子虫；修订了总大肠菌群；

(b)饮用水消毒剂由 1 项增至 4 项，增加了一氯胺、臭氧、二氧化氯；

(c)毒理指标中无机化合物由 10 项增至 21 项，增加了溴酸盐、亚氯酸盐、氯酸盐、锑、钡、铍、硼、钼、镍、铊、氯化氰；并修订了砷、镉、铅、硝酸盐；

毒理指标中有机化合物由 5 项增至 53 项，增加了甲醛、三卤甲烷、二氯甲烷、1,2-二氯乙烷、1,1,1-三氯乙烷、三溴甲烷、一氯二溴甲烷、二氯一溴甲烷、环氧氯丙烷、氯乙烯、1,1-二氯乙烯、1,2-二氯乙烯、三氯乙烯、四氯乙烯、六氯丁二烯、二氯乙酸、三氯乙酸、三氯乙醛、苯、甲苯、二甲苯、乙苯、苯乙烯、2,4,6-三氯酚、氯苯、1,2-二氯苯、1,4-二氯苯、三氯苯、邻苯二甲酸二(2-乙基己基)酯、丙烯酰胺、微囊藻毒素-LR、灭草松、百菌清、溴氰菊酯、乐果、2,4-滴、七氯、六氯苯、林丹、马拉硫磷、对硫磷、甲基对硫磷、五氯酚、莠去津、呋喃丹、毒死蜱、敌敌畏、草甘膦；修订了四氯化碳；

(d)感官性状和一般理化指标由 15 项增至 20 项，增加了耗氧量、氨氮、硫化物、钠、铝；修订了浑浊度；

(e)放射性指标中修订了总 α 放射性。

——删除了水源选择和水源卫生防护两部分内容。

——简化了供水部门的水质检测规定，部分内容列入《生活饮用水集中式供水单位卫生规范》。

——增加了附录 A。

——增加了参考文献。

本标准的附录 A 为资料性附录。

本标准"表 3 水质非常规指标及限制"中所规定指标的实施项目和日期由省级人民政府根据当地实际情况确定，并报国家标准化管理委员会、建设部和卫生部备案，从 2008 年起三个部门对各省非常规指标实施情况进行通报，全部指标最迟于 2012 年 7 月 1 日实施。

本标准由中华人民共和国卫生部、建设部、水利部、国土资源部、国家环境保护总局等提出。

本标准由中华人民共和国卫生部归口。

本标准负责起草单位：中国疾病预防控制中心环境与健康相关产品安全所。

本标准参加起草单位：广东省卫生监督所、浙江省卫生监督所、江苏省疾病预防控制中心、北京市疾病预防控制中心、上海市疾病预防控制中心、中国城镇供水排水协会、中国水利水电科学研究院、国家环境保护总局环境标准研究所。

本标准主要起草人：金银龙、鄂学礼、陈昌杰、陈西平、张岚、陈亚妍、蔡祖根、甘日华、申屠杭、郭常义、魏建荣、宁瑞珠、刘文朝、胡林林。

本标准参加起草人：蔡诗文、林少彬、刘凡、姚孝元、陆坤明、陈国光、周怀东、李延平。

本标准于 1985 年 8 月首次发布，本次为第一次修订。

1 范围

本标准规定了生活饮用水水质卫生要求、生活饮用水水源水质卫生要求、集中式供水单位卫生要求、二次供水卫生要求、涉及生活饮用水卫生安全产品卫生要求、水质监测和水质检验方法。

本标准适用于城乡各类集中式供水的生活饮用水，也适用于分散式供水的生活饮用水。

2　规范性引用文件

下列文件中的条款通过本标准的引用而成为本标准的条款。凡是标注日期的引用文件，其随后所有的修改(不包括勘误内容)或修订版均不适用于本标准。然而，鼓励根据本标准达成协议的各方研究是否可使用这些文件的最新版本。凡是不注明日期的引用文件，其最新版本适用于本标准。

GB 3838　地表水环境质量标准

GB/T 5750　(所有部分)生活饮用水标准检验方法

GB/T 14848　地下水质量标准

GB 17051　二次供水设施卫生规范

GB/T 17218　饮用水化学处理剂卫生安全性评价

GB/T 17219　生活饮用水输配水设备及防护材料的安全性评价标准

CJ/T 206　城市供水水质标准

SL 308　村镇供水单位资质标准

卫生部　生活饮用水集中式供水单位卫生规范

3　术语和定义

下列术语和定义适用于本标准

3.1　生活饮用水(drinking water)

供人生活的饮水和生活用水。

3.2　供水方式(type of water supply)

3.2.1　集中式供水(central water supply)

自水源集中取水，通过输配水管网送到用户或者公共取水点的供水方式，包括自建设施供水。为用户提供日常饮用水的供水站和为公共场所、居民社区提供的分质供水也属于集中式供水。

3.2.2　二次供水(secondary water supply)

集中式供水在入户之前经再度储存、加压和消毒或深度处理，通过管道或容器输送给用户的供水方式。

3.2.3　小型集中式供水(small central water supply)

日供水在 1000m^3 以下(或供水人口在 1 万人以下)的集中式供水。

3.2.4　分散式供水(non-central water supply)

用户直接从水源取水,未经任何设施或仅有简易设施的供水方式。

3.3　常规指标(regular indices)

能反映生活饮用水水质基本状况的水质指标。

3.4　非常规指标(non-regular indices)

根据地区、时间或特殊情况需要的生活饮用水水质指标。

4　生活饮用水水质卫生要求

4.1　生活饮用水水质应符合下列基本要求,以保证用户饮用安全。

4.1.1　生活饮用水中不得含有病原微生物。

4.1.2　生活饮用水中化学物质不得危害人体健康。

4.1.3　生活饮用水中放射性物质不得危害人体健康。

4.1.4　生活饮用水的感官性状良好。

4.1.5　生活饮用水应经消毒处理。

4.1.6　生活饮用水水质应符合表 1 和表 3 卫生要求。集中式供水出厂水中消毒剂限值、出厂水和管网末梢水中消毒剂余量均应符合表 2 要求。

4.1.7　农村小型集中式供水和分散式供水的水质因条件限制,部分指标可暂按照表 4 执行,其余指标仍按表 1、表 2 和表 3 执行。

4.1.8　当发生影响水质的突发性公共事件时,经市级以上人民政府批准,感官性状和一般化学指标可适当放宽。

4.1.9　当饮用水中含有附录 A 表 A.1 所列指标时,可参考此表限值评价。

表 1　水质常规指标及限值

指　标	限　值
1. 微生物指标①	
总大肠菌群(MPN/100mL 或 CFU/100mL)	不得检出
耐热大肠菌群(MPN/100mL 或 CFU/100mL)	不得检出
大肠埃希氏菌(MPN/100mL 或 CFU/100mL)	不得检出

（续表）

指　标	限　值
菌落总数(CFU/mL)	100
2. 毒理指标	
砷(mg/L)	0.01
镉(mg/L)	0.005
铬(六价,mg/L)	0.05
铅(mg/L)	0.01
汞(mg/L)	0.001
硒(mg/L)	0.01
氰化物(mg/L)	0.05
氟化物(mg/L)	1.0
硝酸盐(以N计,mg/L)	10,地下水源限制时为20
三氯甲烷(mg/L)	0.06
四氯化碳(mg/L)	0.002
溴酸盐(使用臭氧时,mg/L)	0.01
甲醛(使用臭氧时,mg/L)	0.9
亚氯酸盐(使用二氧化氯消毒时,mg/L)	0.7
氯酸盐(使用复合二氧化氯消毒时,mg/L)	0.7
3. 感官性状和一般化学指标	
色度(铂钴色度单位)	15
浑浊度(NTU——散射浊度单位)	1,水源与净水技术条件限制时为3
臭和味	无异臭、异味
肉眼可见物	无
pH(pH单位)	不小于6.5且不大于8.5
铝(mg/L)	0.2
铁(mg/L)	0.3
锰(mg/L)	0.1
铜(mg/L)	1.0
锌(mg/L)	1.0

（续表）

指　标	限　值
氯化物(mg/L)	250
硫酸盐(mg/L)	250
溶解性总固体(mg/L)	1000
总硬度(以 $CaCO_3$ 计,mg/L)	450
耗氧量(COD_{Mn} 法,以 O_2 计,mg/L)	3,水源限制,原水耗氧量>6mg/L时为5
挥发酚类(以苯酚计,mg/L)	0.002
阴离子合成洗涤剂(mg/L)	0.3
4. 放射性指标[②]	指导值
总α放射性(Bq/L)	0.5
总β放射性(Bq/L)	1
注:① MPN表示最可能数;CFU表示菌落形成单位。当水样检出总大肠菌群时,应进一步检验大肠埃希氏菌或耐热大肠菌群;若水样未检出总大肠菌群,则不必检验大肠埃希氏菌或耐热大肠菌群。 ② 放射性指标超过指导值,应进行核素分析和评价,判定能否饮用。	

表2　饮用水中消毒剂常规指标及要求

消毒剂名称	与水接触时间	出厂水中限值	出厂水中余量	管网末梢水中余量
氯气及游离氯制剂(游离氯,mg/L)	≥30min	4	≥0.3	≥0.05
一氯胺(总氯,mg/L)	≥120min	3	≥0.5	≥0.05
臭氧(O_3,mg/L)	≥12min	0.3	—	0.02如加氯,总氯≥0.05
二氧化氯(ClO_2,mg/L)	≥30min	0.8	≥0.1	≥0.02

表3　水质非常规指标及限值

指　标	限　值
(1)微生物指标	
贾第鞭毛虫(个/10L)	<1

(续表)

指　标	限　值
隐孢子虫(个/10L)	<1
(2)毒理指标	
锑(mg/L)	0.005
钡(mg/L)	0.7
铍(mg/L)	0.002
硼(mg/L)	0.5
钼(mg/L)	0.07
镍(mg/L)	0.02
银(mg/L)	0.05
铊(mg/L)	0.0001
氯化氰(以 CN^- 计,mg/L)	0.07
一氯二溴甲烷(mg/L)	0.1
二氯一溴甲烷(mg/L)	0.06
二氯乙酸(mg/L)	0.05
1,2-二氯乙烷(mg/L)	0.03
二氯甲烷(mg/L)	0.02
三卤甲烷(三氯甲烷、一氯二溴甲烷、二氯一溴甲烷、三溴甲烷的总和)	该类化合物中各种化合物的实测浓度与其各自限值的比值之和不超过1
1,1,1-三氯乙烷(mg/L)	2
三氯乙酸(mg/L)	0.1
三氯乙醛(mg/L)	0.01
2,4,6-三氯酚(mg/L)	0.2
三溴甲烷(mg/L)	0.1
七氯(mg/L)	0.0004
马拉硫磷(mg/L)	0.25
五氯酚(mg/L)	0.009
六六六(总量,mg/L)	0.005
六氯苯(mg/L)	0.001

（续表）

指　标	限 值
乐果(mg/L)	0.08
对硫磷(mg/L)	0.003
灭草松(mg/L)	0.3
甲基对硫磷(mg/L)	0.02
百菌清(mg/L)	0.01
呋喃丹(mg/L)	0.007
林丹(mg/L)	0.002
毒死蜱(mg/L)	0.03
草甘膦(mg/L)	0.7
敌敌畏(mg/L)	0.001
莠去津(mg/L)	0.002
溴氰菊酯(mg/L)	0.02
2,4-滴(mg/L)	0.03
滴滴涕(mg/L)	0.001
乙苯(mg/L)	0.3
二甲苯(mg/L)	0.5
1,1-二氯乙烯(mg/L)	0.03
1,2-二氯乙烯(mg/L)	0.05
1,2-二氯苯(mg/L)	1
1,4-二氯苯(mg/L)	0.3
三氯乙烯(mg/L)	0.07
三氯苯(总量,mg/L)	0.02
六氯丁二烯(mg/L)	0.0006
丙烯酰胺(mg/L)	0.0005
四氯乙烯(mg/L)	0.04
甲苯(mg/L)	0.7
邻苯二甲酸二(2-乙基己基)酯(mg/L)	0.008
环氧氯丙烷(mg/L)	0.0004

（续表）

指 标	限 值
苯(mg/L)	0.01
苯乙烯(mg/L)	0.02
苯并(a)芘(mg/L)	0.00001
氯乙烯(mg/L)	0.005
氯苯(mg/L)	0.3
微囊藻毒素－LR(mg/L)	0.001
(3)感官性状和一般化学指标	
氨氮(以N计,mg/L)	0.5
硫化物(mg/L)	0.02
钠(mg/L)	200

表4 小型集中式供水和分散式供水部分水质指标及限值

指 标	限 值
(1)微生物指标	
菌落总数(CFU/mL)	500
(2)毒理指标	
砷(mg/L)	0.05
氟化物(mg/L)	1.2
硝酸盐(以N计,mg/L)	20
(3)感官性状和一般化学指标	
色度(铂钴色度单位)	20
浑浊度(NTU——散射浊度单位)	3 水源与净水技术条件限制时为5
pH(pH单位)	不小于6.5且不大于9.5
溶解性总固体(mg/L)	1500
总硬度(以$CaCO_3$计,mg/L)	550
耗氧量(COD_{Mn}法,以O_2计,mg/L)	5
铁(mg/L)	0.5

（续表）

指　标	限　值
锰(mg/L)	0.3
氯化物(mg/L)	300
硫酸盐(mg/L)	300

5　生活饮用水水源水质卫生要求

5.1　采用地表水为生活饮用水水源时应符合 GB 3838 要求。

5.2　采用地下水为生活饮用水水源时应符合 GB/T 14848 要求。

6　集中式供水单位卫生要求

集中式供水单位的卫生要求应按照卫生部《生活饮用水集中式供水单位卫生规范》执行。

7　二次供水卫生要求

二次供水的设施和处理要求应按照 GB 17051 执行。

8　涉及生活饮用水卫生安全产品卫生要求

8.1　处理生活饮用水采用的絮凝、助凝、消毒、氧化、吸附、pH 调节、防锈、阻垢等化学处理剂不应污染生活饮用水，应符合 GB/T 17218 要求。

8.2　生活饮用水的输配水设备、防护材料和水处理材料不应污染生活饮用水，应符合 GB/T 17219 要求。

9　水质监测

9.1　供水单位的水质检测

供水单位的水质检测应符合以下要求：

9.1.1　供水单位的水质非常规指标选择由当地县级以上供水行政主管部门和卫生行政部门协商确定。

9.1.2　城市集中式供水单位水质检测的采样点选择、检验项目和频率、合格率计算按照 CJ/T 206 执行。

9.1.3 村镇集中式供水单位水质检测的采样点选择、检验项目和频率、合格率计算按照 SL 308 执行。

9.1.4 供水单位水质检测结果应定期报送当地卫生行政部门,报送水质检测结果的内容和办法由当地供水行政主管部门和卫生行政部门商定。

9.1.5 当饮用水水质发生异常时应及时报告当地供水行政主管部门和卫生行政部门。

9.2 卫生监督的水质监测

卫生监督的水质监测应符合以下要求：

9.2.1 各级卫生行政部门应根据实际需要定期对各类供水单位的供水水质进行卫生监督、监测。

9.2.2 当发生影响水质的突发性公共事件时,由县级以上卫生行政部门根据需要确定饮用水监督、监测方案。

9.2.3 卫生监督的水质监测范围、项目、频率由当地市级以上卫生行政部门确定。

10 水质检验方法

生活饮用水水质检验应按照 GB/T 5750(所有部分)执行。

附 录 A
(资料性附录)

表 A.1 生活饮用水水质参考指标及限值

指 标	限 值
肠球菌(CFU/100mL)	0
产气荚膜梭状芽孢杆菌(CFU/100mL)	0
二(2－乙基己基)己二酸酯(mg/L)	0.4
二溴乙烯(mg/L)	0.00005

（续表）

指　标	限 值
二噁英(2,3,7,8－TCDD,mg/L)	0.00000003
土臭素(二甲基萘烷醇,mg/L)	0.00001
五氯丙烷(mg/L)	0.03
双酚 A(mg/L)	0.01
丙烯腈(mg/L)	0.1
丙烯酸(mg/L)	0.5
丙烯醛(mg/L)	0.1
四乙基铅(mg/L)	0.0001
戊二醛(mg/L)	0.07
甲基异莰醇－2(mg/L)	0.00001
石油类(总量,mg/L)	0.3
石棉(>10 μm,万/L)	700
亚硝酸盐(mg/L)	1
多环芳烃(总量,mg/L)	0.002
多氯联苯(总量,mg/L)	0.0005
邻苯二甲酸二乙酯(mg/L)	0.3
邻苯二甲酸二丁酯(mg/L)	0.003
环烷酸(mg/L)	1.0
苯甲醚(mg/L)	0.05
总有机碳(TOC,mg/L)	5
萘酚-β(mg/L)	0.4
黄原酸丁酯(mg/L)	0.001
氯化乙基汞(mg/L)	0.0001
硝基苯(mg/L)	0.017
镭 226 和镭 228(pCi/L)	5
氡(pCi/L)	300

参考文献

[1] World Health Organization. Guidelines for Drinking－water Quality, third edition. Vol. 1, 2004, Geneva

[2] EU's Drinking Water Standards. Council Directive 98/83/EC on the quality of water intended for human consumption. Adopted by the Council, on 3 November 1998

[3] US EPA. Drinking Water Standards and Health Advisories, Winter 2004

[4] 俄罗斯国家饮用水卫生标准,2002 年 1 月实施

[5] 日本饮用水水质基准(水道法に基づく水质基准に关する省令),2004 年 4 月起实施

附录F 《安徽省农村饮水安全工程管理办法》

（安徽省人民政府令第238号）

第一章 总 则

第一条 为了加强农村饮水安全工程管理，保障农村饮水安全，改善农村居民的生活和生产条件，推进社会主义新农村建设，根据《中华人民共和国水法》等有关法律、法规，结合本省实际，制定本办法。

第二条 本办法所称农村饮水安全工程，是指列入国家和省农村饮水安全规划，以解决农村居民和农村中小学师生饮水安全为主要目标的供水工程，包括集中供水工程和分散供水工程。

农村饮水安全工程包括取水设施、水厂、泵站、公共输配水管网以及相关附属设施。

第三条 农村饮水安全工程是公益性基础设施，其建设和管理应当遵循因地制宜、统筹城乡、分类指导、多措并举的原则。

鼓励单位和个人参与投资建设、经营农村饮水安全工程。

鼓励有条件的地区向农村延伸城镇公共供水管网，发展城乡一体化供水。

第四条 县级以上人民政府应当将农村饮水安全保障事业纳入国民经济和社会发展规划，统一编制专项规划，健全管理体制，落实扶持措施，实行规范运行，保障饮水安全。

第五条 县级人民政府是农村饮水安全的责任主体,对农村饮水安全保障工作负总责。

县级以上人民政府水行政主管部门是本行政区域内农村饮水安全工程的行业主管部门,负责农村饮水安全工程的行业管理和业务指导。

县级以上人民政府发展改革、财政、卫生、环境保护、价格、住房城乡建设、国土资源等行政主管部门应当按照各自职责,负责农村饮水安全的相关工作。

乡(镇)人民政府应当配合县级人民政府水行政主管部门做好农村饮水安全的相关工作。

第六条 任何单位和个人都有保护农村饮用水水源、农村饮水安全工程设施的义务,有权制止、举报污染农村饮用水水源、损毁农村饮水安全工程设施的违法行为。

第七条 在农村饮水安全工程建设和运行管理等方面做出显著成绩的单位和个人,由县级以上人民政府或者有关部门予以表彰。

第二章 规划与建设

第八条 县级以上人民政府水行政主管部门应当会同发展改革、卫生等行政主管部门编制农村饮水安全工程规划,报本级人民政府批准后组织实施。

编制农村饮水安全工程规划,应当统筹城乡经济社会发展,优先建设规模化集中供水工程,提高供水工程规模效益。

经批准的农村饮水安全工程规划需要修改的,应当按照本条第一款规定的程序报经批准。

第九条 以国家投资为主的农村饮水安全工程,建设单位由县级人民政府确定。

日供水 1000 立方米以上或者供水人口 1 万人以上的农村饮水安全工程,按照基本建设程序进行建设和管理,其他工程参照基本建设程序进行建设和管理。

农村饮水安全工程入户部分，由农村居民自行筹资，建设单位或者供水单位统一组织施工建设。

第十条 农村饮水安全工程开工前，建设单位应当在主体工程所在地公示工程规模、国家投资计划或者财政补助份额、受益农村居民承担费用、工程建设概况、建设工期等内容。

第十一条 农村饮水安全工程的勘察、设计、施工和监理，应当符合国家有关技术标准和规范；工程使用的原材料和设施设备等，应当符合国家产品质量标准。

农村饮水安全工程的勘察、设计、施工和监理，应当由具备相应资质的单位承担。

第十二条 农村饮水安全工程竣工后，应当按照国家和省有关规定进行验收。未经验收或者经验收不合格的，不得投入使用。

国家投资的农村饮水安全工程验收合格后，县级人民政府应当组织有关部门及时进行清产核资，明晰工程所有权、管理权与经营权，并办理资产交接手续。

第十三条 农村饮水安全工程按照下列规定确定所有权：

（一）国家投资建设的集中供水工程，其所有权归国家所有；

（二）国家、集体、个人共同投资建设的集中供水工程，其所有权由国家、集体、个人按出资比例共同所有；

（三）国家补助、社会资助、农村居民建设的分散供水工程，其所有权归农村居民所有。

前款第一项规定的农村饮水安全工程，可以依法通过承包、租赁等形式转让工程经营权，转让经营权所得收益实行收支两条线管理，专项用于农村饮水安全工程的建设和运行管理。

第三章　供水与用水

第十四条 农村饮水安全工程可以按照所有权和经营权分离的原则，由所有权人确定经营模式和经营者（以下称供水单位）。所有权人与供水单位应当依法签订合同,明确双方的权利和义务。

国家投资的农村饮水安全工程,由县级人民政府委托水行政主管部门或者乡(镇)人民政府行使国家所有权。

鼓励组建区域性、专业化供水单位,对农村饮水安全工程实行统一经营管理。

第十五条 供水单位应当具备下列条件:

(一)符合规范的制水工艺;

(二)依法取得取水许可证和卫生许可证;

(三)供水水质符合国家生活饮用水卫生标准;

(四)直接从事供水管水的从业人员须经专业培训、健康检查,持证上岗;

(五)建立水源水、出厂水、管网末梢水水质定期检测制度,并向市、县人民政府卫生行政主管部门和水行政主管部门报告检测结果;

(六)法律、法规和规章规定的其他条件。

日供水1000立方米以上或者供水人口1万人以上的集中供水工程,供水单位应当设立水质检验室,配备仪器设备和专业检验人员,负责供水水质的日常检验工作。

供水单位不符合本条第一款、第二款规定条件的,县级人民政府水行政主管部门应当督促并指导供水单位限期整改,有关部门应当给予技术指导。供水单位在整改期间应当采取应急供水措施。

第十六条 供水单位应当按照工程设计的水压标准,保持不间断供水或者按照供水合同分时段供水。因工程施工、设备维修等确需暂停供水的,应当提前24小时告知用水单位和个人,并向所在地县级人民政府水行政主管部门备案。

供水设施维修时,有关单位和个人应当给予支持和配合。暂停供水时间超过24小时的,供水单位应当采取应急供水措施。

第十七条 供水单位应当加强对农村饮水安全工程供水设施的管理和保护,定期进行检测、养护和维修,保障供水设施安全运行。

第十八条 供水单位应当建立规范的供水档案管理制度。水源变化记录、水质监测记录、设备检修记录、生产运行报表和运行日志等资料应当真实完整,并有专人管理。

第十九条 供水单位应当建立健全财务制度,加强财务管理,接受有关部门对供水水费收入、使用情况的监督检查。

供水单位应当在营业场所公告国家和省有关农村饮水安全工程建设和运行管理的政策措施,并定期公布水价、水量、水质、水费收支情况。

第二十条 鼓励供水单位使用自动化控制系统、信息管理系统和节水的技术、产品和设备,降低工程运行成本,提高供水的安全保障程度。

第二十一条 农村饮水安全工程供水价格,按照补偿成本、保本微利、节约用水、公平负担的原则,由市、县人民政府确定。

第二十二条 供水单位应当与用水单位和个人签订供水用水合同,明确双方的权利和义务。

供水单位应当在供水管道入户处安装质量合格的计量设施,并按照规定的时间抄表收费。

用水单位和个人应当保证入户计量设施的正常使用,并按时交纳水费。

第二十三条 用水单位和个人需要安装、改造用水设施的,应当征得供水单位同意。

任何单位和个人不得擅自在农村饮水安全工程输配水管网上接水,不得擅自向其他单位和个人转供用水。

第四章 安全管理

第二十四条 县级以上人民政府应当划定本行政区域内农村饮水安全工程水源保护区。水源保护区由县级人民政府环境保护行政主管部门会同水、国土资源、卫生等行政主管部门提出划定方案,报本级人民政府批准后公布;跨县级行政区域的水源保护区,应当由有关人民政府共同商定,并报其共同的上一级人民政府批准后公布。

县级人民政府环境保护行政主管部门应当在水源保护区的边界设立明确的地理界标和明显的警示标志。

第二十五条 任何单位和个人不得在农村饮水安全工程水源保护区从

事下列活动：

（一）以地表水为水源的，在取水点周围 500 米水域内，从事捕捞、养殖、停靠船只等可能污染水源的活动；在取水点上游 500 米至下游 200 米水域及其两侧纵深各 200 米的陆域，排入工业废水和生活污水或者在沿岸倾倒废渣、生活垃圾。

（二）以地下水为水源的，在水源点周围 50 米范围内设置渗水厕所、渗水坑、粪坑、垃圾场（站）等污染源。

（三）以泉水为供水水源的，在保护区范围内开矿、采石、取土。

（四）其他可能破坏水源或者影响水源水质的活动。

第二十六条 县级人民政府水行政主管部门应当划定农村饮水安全工程设施保护范围，经本级人民政府批准后予以公布。供水单位应当在保护范围内设置警示标志。

第二十七条 在农村饮水安全工程设施保护范围内，禁止从事下列危害工程设施安全的行为：

（一）挖坑、取土、挖砂、爆破、打桩、顶进作业；

（二）排放有毒有害物质；

（三）修建建筑物、构筑物；

（四）堆放垃圾、废弃物、污染物等；

（五）从事危害供水设施安全的其他活动。

在农村饮水安全工程供水主管道两侧各 1.5 米范围内，禁止从事挖坑取土、堆填、碾压和修建永久性建筑物、构筑物等危害农村饮水安全工程的活动。

第二十八条 在农村饮水安全工程的沉淀池、蓄水池、泵站外围 30 米范围内，任何单位和个人不得修建畜禽饲养场、渗水厕所、渗水坑、污水沟道以及其他生活生产设施，不得堆放垃圾。

第二十九条 任何单位和个人不得擅自改装、迁移、拆除农村饮水安全工程供水设施，不得从事影响农村饮水安全工程供水设施运行安全的活动。确需改装、迁移、拆除农村饮水安全工程供水设施的，应当在施工前 15 日与供水单位协商一致，落实相应措施，涉及供水主体工程的，应当征得所在地县级人民政府水行政主管部门同意。造成供水设施损坏的，责任单位或者个人应当依法赔偿。

第三十条 县级以上人民政府环境保护、卫生和水行政主管部门应当按照职责分工，加强对农村饮水安全工程供水水源、供水水质的保护和监督管理，定期组织有关监测机构对水源地、出厂水质、管网末梢水质进行化验、检测，并公布结果。

前款规定的水质化验、检测所需费用由本级财政承担，不得向供水单位收取。

第三十一条 县级人民政府水行政主管部门应当会同有关部门制定农村饮水安全保障应急预案，报本级人民政府批准后实施。

供水单位应当制定供水安全运行应急预案，报县级人民政府水行政主管部门备案。

因环境污染或者其他突发事件造成供水水源水质污染的，供水单位应当立即停止供水，启动供水安全运行应急预案，并及时向所在地县级人民政府环境保护、卫生和水行政主管部门报告。

第五章　扶持措施

第三十二条 市、县级人民政府负责落实农村饮水安全工程运行维护专项经费。

运行维护专项经费主要来源：市、县级财政预算安排资金，通过承包、租赁等方式转让工程经营权的所得收益等。

第三十三条 市、县级人民政府应当将农村饮水安全工程建设用地作为公益性项目纳入当地年度建设用地计划，优先安排，保障土地供应。

农村饮水安全工程建设项目，可以依法使用集体建设用地。涉及农用地的，应当依法办理农用地转用审批手续。

第三十四条 企业投资农村饮水安全工程的经营所得，依法免征、减征企业所得税。

农村饮水安全工程建设、运行的其他税收优惠，按照国家和省有关规定执行。

第三十五条 农村饮水安全工程运行用电执行农业生产用电价格。

第六章 法律责任

第三十六条 违反本办法规定,供水单位擅自停止供水或者未履行停水通知义务,以及未按照规定检修供水设施或者供水设施发生故障后未及时组织抢修的,由县级以上人民政府水行政主管部门责令改正,可以处2000元以上5000元以下的罚款;发生水质污染未立即停止供水、及时报告的,责令改正,可以处5000元以上1万元以下的罚款。

违反本办法规定,供水单位的供水水质不符合国家规定的生活饮用水卫生标准的,由县级以上人民政府卫生行政主管部门责令改正,并依据有关法律、法规和规章的规定予以处罚。

第三十七条 违反本办法规定,有下列行为之一的,由县级以上人民政府水行政主管部门责令停止违法行为,限期改正,可以处2000元以上1万元以下的罚款:

(一)擅自改装、迁移、拆除农村饮水安全工程供水设施的;

(二)擅自在农村饮水安全工程输配水管网上接水或者擅自向其他单位和个人转供用水的。

第三十八条 违反本办法第二十五条第一项至第三项规定的,由县级以上人民政府水行政主管部门责令停止违法行为,限期改正,可以处5000元以上2万元以下的罚款。

第三十九条 违反本办法第二十七条第一款第一项至第四项、第二款规定的,由县级以上人民政府水行政主管部门责令停止违法行为,限期改正,可以处1000元以上5000元以下的罚款;造成农村饮水安全工程设施损坏的,依法承担赔偿责任。

第四十条 违反本办法规定,在农村饮水安全工程的沉淀池、蓄水池、泵站外围30米范围内修建畜禽饲养场、渗水厕所、渗水坑、污水沟道以及其他生活生产设施,或者堆放垃圾的,由县级以上人民政府水行政主管部门责令停止违法行为,限期改正,可以处5000元以上2万元以下的罚款。

第四十一条 违反本办法有关农村饮水安全工程建设管理规定的，由有关主管部门责令限期改正，并按照有关法律、法规和规章的规定予以处罚。

第四十二条 各级人民政府及有关部门的工作人员在农村饮水安全工程建设和管理工作中，有滥用职权、徇私舞弊、玩忽职守情形的，依法给予行政处分；构成犯罪的，依法追究刑事责任。

第七章 附 则

第四十三条 本办法下列用语的含义：

（一）集中供水工程，是指以乡（镇）或者村为单位，从水源地集中取水，经净化和消毒，水质达到国家生活饮用水卫生标准后，利用输配水管网统一输送到用户或者集中供水点的供水工程。

（二）分散供水工程，是指以户为单位或者联户建设的供水工程。

第四十四条 本办法自 2012 年 5 月 1 日起施行。

参考文献

[1] 上海市政工程设计研究院．给水排水设计手册(第二版)[M]．北京：中国建筑工业出版社,2004.

[2] 中国市政工程西北设计研究院有限公司．给水排水设计手册(第三版)[M]．北京：中国建筑工业出版社,2014.

[3] 高占义,胡孟,等．农村安全供水工程技术与模式[M]．北京：中国水利水电出版社,2013.

[4] 倪文进,马超德,等．中国农村饮水安全工程管理实践与探索[M]．北京：中国水利水电出版社,2010.

[5] 刘玲花,周怀东,金旸,等编译．农村安全供水技术手册[M]．北京：化学工业出版社,2005.

[6] 水利部农村水利司,等．农村供水处理技术与水厂设计[M]．北京：中国水利水电出版社,2010.

[7] GB 5749—2006 生活饮用水卫生标准[S]．北京：中国标准出版社,2006.

[8] SL 687—2014 村镇供水工程设计规范[S]．北京：中国水利水电出版社,2014.

[9] SL 688—2013 村镇供水工程施工质量验收规范[S]．北京：中国水利水电出版社,2013.

[10] SL 689—2013 村镇供水工程运行管理规程[S]．北京：中国水利水电出版社,2013.

[11] GB 50013—2006 室外给水设计规范[S]. 北京:中国计划出版社,2013.

[12] CJJ 123—2008 镇(乡)村给水工程技术规程[S]. 北京:中国建筑工业出版社,2008.

[13] 王跃国. 农村饮水安全工程设计中几点问题探讨[J]. 工程与建设,2013,3:351~353.

[14] 王跃国. 农村饮用水安全工程存在的问题及其对策分析[J]. 工程与建设,2013,2:284~285.

图书在版编目(CIP)数据

安徽省村镇供水工程设计指南/王跃国主编.—合肥:合肥工业大学出版社,2014.12

ISBN 978-7-5650-2080-3

Ⅰ.①安… Ⅱ.①王… Ⅲ.①农村饮水—供水工程—安徽省—指南 Ⅳ.①S277.7-62

中国版本图书馆CIP数据核字(2014)第306303号

安徽省村镇供水工程设计指南

王跃国 主编　　　　责任编辑 权 怡

出 版	合肥工业大学出版社	版 次	2014年12月第1版
地 址	合肥市屯溪路193号	印 次	2015年1月第1次印刷
邮 编	230009	开 本	710毫米×1010毫米 1/16
电 话	总 编 室:0551—62903038	印 张	10.25
	市场营销部:0551—62903198	字 数	157千字
网 址	www.hfutpress.com.cn	印 刷	安徽省瑞隆印务有限公司
E-mail	hfutpress@163.com	发 行	全国新华书店

ISBN 978-7-5650-2080-3　　　　定价:28.00元